香港 A GUIDE TO SEAFOOD

海鮮 採購 食用 圖鑑

袁仲安編著

萬里機構・飲食天地出版社出版

香港海鮮採購食用圖鑑

編著
袁仲安

編輯
郭麗眉

攝影
幸浩生　優靜　小草

封面設計
小肥

版面設計
阮珮賢

出版
萬里機構‧飲食天地出版社
香港鰂魚涌英皇道1065號東達中心1305室
電話：2564 7511　　傳真：2565 5539
網址：http://www.wanlibk.com

發行
香港聯合書刊物流有限公司
香港新界大埔汀麗路36號中華商務印刷大廈3字樓
電話：2150 2100　　傳真：2407 3062
電郵：info@suplogistics.com.hk

承印
美雅印刷製本有限公司

出版日期
二〇一四年四月第一次印刷
二〇一八年五月第二次印刷

前言

談到飲飲食食，人人專家教授，位位經驗豐富。既有大師傅廚藝了得，單憑手工技術煮得一手好菜式。又有食家評審，一把尖牙利咀嚐盡珍饈百味，再加上一支鋼筆鐵劃銀鉤地寫盡酸甜苦辣。現代化的智能電話和網絡分享平台更開闢了飲食新文化，大家在上菜時都急不及待讓手機先食，為美食留下倩影，把品嚐試菜經歷公諸同好。

提到食物的色香味美，一定數到生猛海產漁穫，除了各式各樣大魚小鮮外，蝦、蟹、蜆、蚧、貝、螺、蚌、蠔及龍蝦等等當然少不了。海產品種多籮籮，目不暇給。蝦甲兵全副硬殼武裝，聯群結隊，人多勢眾。蟹將軍不單只有全套頭盔裝甲保護，還有巨鉗主動攻擊，橫行無忌。八爪魚則最手多腳多，吸盤糾纏不清。魷魚和墨魚兄弟幫，既會透明隱身變色，又會閃光噴墨混淆黑白。蜆蚧蜊蚶貝殼，既是古代錢幣，又是現代飾物，華貴雍容。海螺幾何運算螺旋外殼眼花瞭亂，迷惑世人。響螺口吹號角響徹大地，召喚人心。瀨尿蝦螳螂鐵臂，一旦被捕便來個就地灑尿恐嚇對手。蠔得起，自然隨心所慾，逍遙自在。青口小時清心寡慾為淡菜，吸收金屬成長後的五光十色盡現眼前。

唔講你唔知，香港其實是世界知名的海產市場，世界各地的海產供應商都喜歡在這裏交易。既有本地海鮮酒家現場買賣和街市魚檔批發零售，又有澳門和中國內地的轉口貿易，加工物流。在亞太區跟日本築地魚市場、韓國釜山魚市場各具特色。話雖如此，但當我與團隊同事們統籌這本《香港海鮮圖鑑》才發現我們遇到的困難並不簡單，實在談何容易！首先項目複雜，海產種類不下百款；其次是目前沒有太多針對香港本地市場的資訊，相關的資料較為貧乏，而且欠缺系統和組織。冀盼本書能作一次首度的整合，唯可能書內偶有錯漏，煩請前輩先進朋友們切勿吝嗇賜教，好讓我們能繼續將本地的海產資料匯聚更新，使行業相互有所裨益。

袁仲安

海鮮養殖、採購和享用熱點

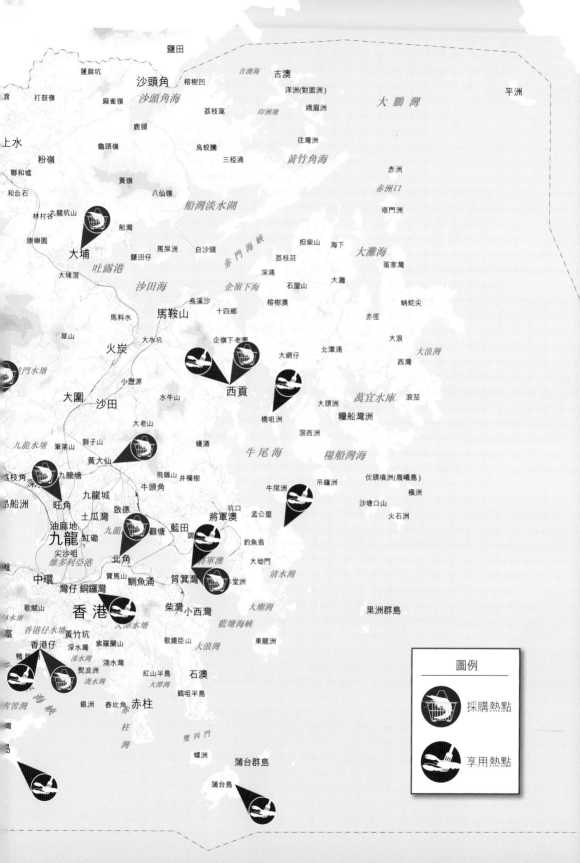

目錄

揀手海鮮圖鑑

甲殼類

蟹料理百事通

海鮮文化

西貢雞洲的一個漁排

裸食與香港海鮮文化

很多歷史書都形容香港："三面環海,位處於南中國海(南面)、伶仃洋和珠江口鹹淡水交界海域(西面),加上地處亞熱帶區,並擁有200多個大小島嶼,海岸線綿長,適合珊瑚、甲貝和蜉游生物生長,導至海產資源頗豐…"從字裏行間看出香港是塊福地,擁有很好的海資源,根據2001年香港海水魚資料庫記載,本港錄得的海水魚達997種,分屬27目135科,約佔南中國海海魚種類(3365種)的三成。俗語説:"富足三代才懂吃",港人吃海鮮的情況就是這樣,要説我們不是吃海鮮專家也很難了。

出名嘴刁嗜吃的香港人,只要與飲食沾到邊的都會逃不過他們的口腹,上天下海的食材,都成為餐桌上的美味。港人的飲食哲學,沒有不好,只有更好。"粗茶淡飯容易過,佳餚美饌存腦海",嚐過一遍好味的食物,永世難忘,便成日後老來的美好回憶!這亦變成了許多人愛糾纏在"真材實料,原汁原味,求真嚐鮮"的理念,愈是懂得飲食的饕餮,愈知道簡單烹調才是烹調的最高境界。

芸芸眾多食材,海鮮最令港人自豪,雖説日本人是吃魚的民族,但港人卻是烹煮和吃海鮮的專家,無論是魚、甲貝、軟體類的海鮮,不論是大魚小鮮,各有各的風味,雅俗共賞的美味食材。草根愛吃大眾化的小鮮;達官貴人有他們吃高級海鮮的品味,然而感謝香港優秀廚師的鬼斧神工,其貌不揚的海鮮,因應其特質和類別,經過蒸、焓、焯、煎、炒、鹽燒、炭烤、燜、煮、炸、刺身等不同烹調技法,如玩魔法般把"真鮮味美"的特質表露無遺,口耳相傳,香港海鮮成為了世界美食旅人的必到之地,就算港人到外旅遊,深深感受到香港海鮮的魅力所在,當中的"鮮、嫩、滑、脆、爽、濃、甜",只有香港廚師玩得出神入化,令人拍案叫絕,回味再三。所以現代潮語──"裸食──講究食材,保留原味,不過度烹調"就是對吃和烹調海鮮的最佳寫照,簡單料理,享受原汁原味。

小漁港搖身變海鮮美食天堂

上世紀60年代，香港約8600艘大小漁船，以小型和柴油推動的為主，餘下則以風帆推動，每年平均漁穫以萬噸計算，到了千禧年只有約5000多艘，近年更因漁穫銳減，漁民紛紛上岸謀生、政府立例禁止拖網捕魚，雪上加霜，對捕魚業打擊甚深，風光一時的漁業似是夕陽之末，現今漁船數目應只剩下2000多艘，我們從海鮮出口地轉為入口城市，才能保持吃海鮮的主流城市，頗為諷刺。

香港60~70年代，捕魚業蓬勃，漁產豐富，年撈海產數萬噸以上，以出口為主，賺取外匯，舒緩社會貧窮，改善生活水平。踏入70年，工商業發達，這是香港第一次經濟起飛，生活改善了，開始有條件講求美食，加上華洋雜處，飲食文化少不免夾雜了西方飲食風格，但香港仍是以華人為主，有說"靠山吃山，靠水吃水"中式飲食為主流，實因60年代跑來上海資金和南番順的逃難廚子、農民和漁夫，當時街坊小店、夜攤小檔，賣的是風味小吃，潮州人賣冷吃凍海鮮，海產小炒，順德人擅廚藝，加上大批馬姐的順德小菜，粗料精製，茶樓飯館的四和菜和粵菜皆與海產食材脫不了關係，最令人津津樂道的避風塘海鮮粥、炒蟹、蒸魚、焓甲貝，都是上輩子的老饕餮忘不了的美食，那時的魚貝海產，肥美鮮甜，但品種卻有限，只有常吃的魚蝦蟹，品種不多。

流浮山的產蠔沿岸

到80年代，香港進入第二次經濟起飛，地產工商蓬勃，商貿飲宴頻繁，這年頭已進入無“酒家”不“海鮮”的年代。在香港人眼中的海鮮是指海產動物，正因港人對食的熱情和飲食觀寬宏，才能嚐盡海鮮百味，所以説香港是福地，亦是港人對食的熱情所至，更是廚師們的“勤力與創新”，他們處理海鮮時抱持“鮮”為出發點，所以活海鮮更是海鮮酒家的強烈賣點，瀏覽海鮮酒家的水枱(行內稱茶樓飯館負責水產崗位)，背後有一靚靚的魚缸(水族箱)由專人(稱為漁王)管理，置放了色彩艷麗的海產，仿如到了海洋館，目不暇給。就算是並非專營海鮮的茶樓食肆，也會在門前擺設幾個膠盒魚盆，蓄蝦蟹貝類在其中，藉以招客。此時的海鮮酒家、菜館和漁港都成為吃海鮮熱點，深受食家推崇。那時著名的漁港都是漁船聚集之處。昔日的八大漁港，分別是香港仔、筲箕灣、大澳、長洲、青山灣、大埔、沙頭角、西貢市。曾有人笑言：“欲食海上鮮，勿惜腰間錢”，但有人抵死地接下去“再食海上鮮，就要把頸纏。”可知吃一頓海鮮真的是價值不菲。其實吃海鮮，不一定要到海鮮酒家也可以到平民大笪地也是很好的吃海鮮地方，那裏大排檔臨立，有小檔只賣焓東風螺、炒辣蜆、白焓凍蟹；也有專營海鮮粥品，在橫街窄巷裏就有菜館小店賣海鮮小炒，這是吃海鮮風氣大盛，加上交通有改善，當時的年青人愛揸車兜風，吃海鮮也成為潮流。據一老行尊説，八十年代的香港不會吃鮐魚，因為被日本人全面收購，到了後期香港人的生活提高，才有機會吃到鮐魚，又是另一大諷刺啊!

香港塔門的鮑魚養殖場所在地

本港魚穫減，唯有求外援?

捕漁業萎縮，又要維持香港吃海鮮的地位，於是開始引入世界各地的海鮮，早期是中國、台灣、菲律賓、馬來西亞、印尼等地，近年就引入北美、澳洲和歐洲魚產，韓國的水產也漸漸增多，所以説香港人的口福不淺，只是價錢隨着喪失了轉口港優勢而飈升，就算平價的魚貝，也由十多元變為數十元，活海鮮出現天價，令人咋舌，但香港的優勢仍在於廚師煮海鮮的優勢，就算頂級海產，也是偏心香港廚師做得最出色。

單靠求外援也不是辦法，於是海魚養殖業應運而生，設於沿岸水域進行以浮排懸掛的網箱養殖海魚，還設立了4個海岸公園及1個海岸保護區，分別為海下灣海岸公園、印洲塘海岸公園、沙洲及龍鼓洲海岸公園、東平洲海岸公園和鶴咀海岸保護區，分別存護不同的海洋資源。

布袋澳的海魚養殖區

港英政府自1987年實施停止簽發新海魚養殖牌照的政策，以減低海魚養殖對海洋環境可能造成的影響。到了2011年，共有26個養魚區，並由1,854個減少至1,015名，約佔本地活海魚食用量的8%。漁護署更於2002年在榕樹凹和滘西的養魚區改作休閒垂釣活動試點，頗成功和深受消費者和養殖戶歡迎，現時已有11個魚類養殖區附有休閒垂釣的魚排。這些養殖區的魚苗主要來自中國、台灣、泰國、菲律賓或印尼，養殖品種有斑、芝麻斑、龍躉、火點、紅鮋、金絲鯽、石蚌、星鱸、寶石魚、黃腳鱲、黃鮱鯧等。

香港魚類養殖區：

01. 沙頭角	02. 鴨洲	03. 吉澳	04. 澳背塘	05. 西流江	06. 往灣
07. 塔門	08. 高流灣	09. 深灣*	10. 老虎笏	11. 榕樹凹*	12. 糧船灣
13. 吊杉灣	14. 大頭洲*	15. 雞籠灣*	16. 滘西*	17. 麻南笏*	18. 布袋澳*
19. 蒲台	20. 索罟灣*	21. 蘆荻灣	22. 馬灣	23. 鹽田仔*	24. 長沙灣
25. 鹽田仔(東部)*		26. 東龍洲*			

香港為了保護環境，紛紛為海裏動物作出讓步，所以真正的野生海鮮也不多，反而多了養殖海魚和甲貝，口腹之欲是差了點，但能為大自然盡一分力，也是值得我們支持的。

（資料來源自漁護署網站）

揀手海鮮圖鑑

圖例

 表示有養殖的品種

 易危級別，盡量避免吃

 考慮級別，吃前思慮

 建議級別，可放心吃

 由1~5個 **$**，數目愈多愈高價

學名 *Penaeus japonicus Bate*

竹蝦

英文：Japanese King Prawn (Kuruma Prawn)

粵音：Zuk Ha

香港：九節蝦、斑節蝦、竹蝦、竹節蝦、花尾蝦、車蝦

中國：日本對蝦

台灣：日本對蝦，班節蝦、車蝦

分佈 非洲、馬來西亞、香港、台灣、中國、韓國、日本、菲律賓、印尼、新畿內亞、斐濟群島、澳洲

生長條件 / 習性											
棲息/出沒：沙或沙泥底海域											
食糧：藻類、貝類、多毛類、小魚類											
水深層：90米以下											
當造期：1~3月最當造											
1	2	3	4	5	6	7	8	9	10	11	12

　　竹節蝦喜在波浪較小的海灣內底棲息，為雜食性夜行動物。夜間活動並進行覓食，白天潛伏在深度3厘米左右的沙底。覓食時常緩游於下層，間中也游向中上層。牠們最怕遇天敵黑棘鯛、章魚等。產卵盛期為每年12月至翌年3月份，但蝦汛為1~3月。此期間牠們常在寬溝中與草蝦、對蝦混棲，被捕時會混有這些蝦種。雄蝦最長是19厘米，雌蝦最長為22.5厘米，所以雄蝦要比雌蝦小。牠的一般長度15~20厘米，最大體長為30厘米。

觸角刺、肝刺及眼上刺十分明顯

尾柄及尾肢有紅褐色、鮮黃色及藍色間帶

體色呈黃色、淡褐色至青褐色，覆有深褐色橫帶及斜紋

額角上緣通常具9~10齒，下緣有1齒；額角側溝深且寬

首及次胸足具有基節刺；首胸足的座節部有一小非刺狀突出物

胸足及腹足黃色；各胸足附有外肢

食味 味清甜鮮美，肉厚帶脆爽，蝦頭含沙。

烹調 生吃、煎、炸、焗、生焗、鹽燒、蒸、白焯、酒醉

狀況

價錢

備註

1. 雄蝦的生殖器官對稱，交接器中葉突出，並向腹面彎折。雌性的生殖器官則呈管狀，牠的交接器囊狀，前端開口並呈圓突狀。
2. 蝦腳是紅色才是花竹蝦。

蝦與鞣酸食物不能共存？

蝦含豐富蛋白質和鈣等，其蛋白質含量還比魚類、雞蛋、牛奶等高出數倍，還含有豐富的鉀、碘、鎂、磷等礦物質及維生素A、氨茶鹼等成分，但不宜與含有鞣酸水果如葡萄、石榴、山楂、柿子等同食，它們會降低蛋白質，還因鞣酸和鈣離子結合形成不溶性結合物刺激腸胃，引起嘔吐、頭暈、噁心和腹痛腹瀉等癥狀。

竹蝦在日本及南中國海等地是具極高商業價值的蝦類。早期日本對蝦來源皆以捕捉野生蝦為主，多以新鮮或冷凍的型式販售，因為活蝦遇上溫度過低容易死去，為了減少損耗而以冰鮮出口為主。現代科技進步，可利用養氣箱或打入氮氣迷暈，待到達入口地而甦醒，再次活躍起來。隨需求日增，日本、韓國及台灣成功人工繁殖，這種蝦亦是世界上第一種可人工繁殖的海水蝦，主要於冬季放養近年。養殖花蝦的成長較慢，相較野生蝦，養殖的班節蝦體型較小約7~10厘米。

海花蝦，色澤亮麗，顏色鮮明

草蝦

粵 Penaeus monodom (Penaeus carinatus)

英文： Giant Tiger Prawn
(Ghost Prawn, Grass prawn)

粵音： Hoi Cou Fu Ha

香港：草蝦、鬼蝦、明蝦、虎蝦
中國：斑節對蝦
台灣：草對蝦、海草蝦、明蝦

分佈 菲濟、馬來西亞、印尼、印度、新畿內亞、菲律賓、中國、台灣、日本、韓國、泰國、澳洲

生長條件 / 習性											
棲息/出沒：沙底、河口											
食糧：藻類、貝類、多毛類、小魚類											
水深層：0~110米											
當造期：											
1	2	3	4	5	6	7	8	9	10	11	12

草蝦喜在波浪較小的海灣內底棲息，為雜食性，屬夜行動物，夜間活動並進行覓食，白天潛伏在深度3厘米左右的沙底。牠是屬亞熱帶種，最適溫範圍為25~30℃，在8~10℃停止攝食，5℃以下死亡，高於32℃生活不正常，其產卵期於3~5月及8~11月產卵，每隻蝦能抱卵數為50~60萬顆，孵化出來的無節幼蟲，待成長變為幼蝦便棲息於河口地區。雄蝦的壽命約一年半；雌蝦就約兩年。最大體長為35厘米，一般長度25~30厘米，體重為200~300克，雄蝦的體長有20~25厘米；雌蝦的體長為20~33厘米。

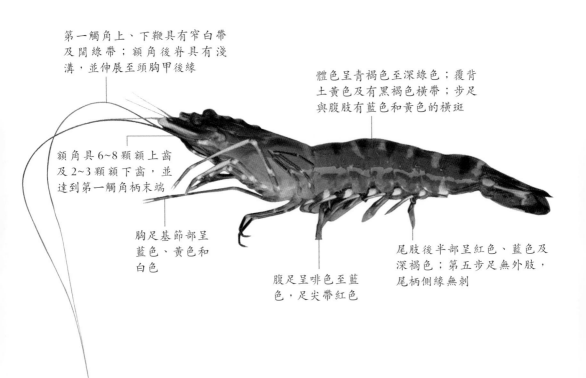

第一觸角上、下鞭具有窄白帶及闊綠帶；額角後脊具有淺溝，並伸展至頭胸甲後緣

體色呈青褐色至深綠色；覆背土黃色及有黑褐色橫帶；步足與腹肢有藍色和黃色的橫斑

額角具6~8顆額上齒及2~3顆額下齒，並達到第一觸角柄末端

胸足基節部呈藍色、黃色和白色

腹足呈啡色至藍色，足尖帶紅色

尾肢後半部呈紅色、藍色及深褐色；第五步足無外肢，尾柄側緣無刺

食味　肉質較日本花蝦略腍軟，但仍是飽滿鮮甜而肉厚，味帶點微甘。

 烹調　生吃、煎、炸、焗、生焗、鹽燒、蒸、白焯、酒醉

 狀況　

 價錢　

備註

稚蝦之形態與成蝦相似，唯體較透明，顏色較淡。

蝦含鎂有助調節心臟活動？

蝦含豐富蛋白質、氨基酸、鎂、磷、鈣等多種礦物質。鎂對心臟活動具調節功能，保護心血管系統兼減少血液中膽固醇含量，防止動脈硬化和擴張冠狀動脈，據說可預防高血壓及心肌梗死。

漁夫教路

　　草蝦是東南亞海洋的原蝦種，昔日冷藏技術不好，只能以冷凍野生的蝦輸出入口國，所以蝦的沙筋很明顯。及後，台灣、日本、韓國和中國養殖成功，因為牠的食性雜和生長快，適應性強，現為當前世界三大養殖蝦之一。有利有弊，草蝦的養殖摧毀了數個國家的紅樹林，並因過度捕撈蝦苗，直接影響到成蝦和生態環境，故在2010年，綠色和平將草蝦列入海產品紅色名單，避免食用。野生草蝦的體型較大，冰鮮和活蝦均有販售。

海草蝦，肥美碩大，體色通紅，十分奪目，與鬼蝦相似，這才是正宗的海草蝦，數目很少。養殖的草蝦，顏色偏棕色，色澤略黯啞，與海草蝦的顏色偏差很大。

學名：*Penaeus penicillatus*

紅尾蝦（長毛對蝦）

英文：Red Tail Prawn
粵音：Hung Mei Ha

香港：紅尾蝦、大蝦、棕蝦、紅蝦、長毛對蝦
中國：紅尾蝦、明蝦
台灣：紅尾蝦、長毛對蝦

分佈：中國、台灣、日本、菲律賓、印尼、印度

生長條件 / 習性
棲息/出沒：沙地
食糧：藻類、毛類、小型甲殼類、軟體動物、脊椎動物的幼體
水深層：2~90米
當造期：

1	2	3	4	5	6	7	8	9	10	11	12

　　紅尾蝦原產於中國東海和南海、日本、台灣、菲律賓等地，牠愛在夜間以緩慢泳速活動於海水的中下層，捕食底棲多。每年3月自黃海南部向渤海作殼餌和生殖洄遊；冬季洄游黃海南部。雄蝦在10月間性成熟，並在10~11月間與雌蝦交尾。雌蝦就待至翌年4月間性成熟，每尾能產數十萬至一百多萬粒蝦卵。產卵時，雌體交接器中的精囊內會把貯藏的精液放出與卵結合受精，經一晝夜便能開始孵化，幼蝦生長迅速並於河口或內海生活，約5月時其性腺成熟，待7~8月的仔蝦體已達標準，到了成熟期就向外約100米左右的海域洄遊，繁殖期才返回淺水。一般體長是10~15厘米，最長可達21厘米。

額角上緣7~8齒，下緣4~6齒；額角側溝淺；額角後脊伸至頭胸甲後緣附近；額角基部稍高，背部較凸，末端較細

體色呈灰藍色、淺灰褐色，被密佈的小黑褐色點覆蓋

尾柄有中央溝，但側緣不具刺

頭部前端多藍點；第1觸角上鞭與頭胸甲長度相若或稍短

胸足呈白色；各對胸足均具有外肢

尾肢末端呈粉紅色，其後半部有明顯紅色

食味 肉質爽脆結實，外殼薄，味鮮甜帶甘香。

 烹調 生吃、煎、炸、焗、生焗、鹽燒、蒸、白焯、酒醉

 狀況

 價錢

備註

雄蝦的交接器呈葉片狀，葉尖變圓而邊緣具剛毛，兩側從腹面捲曲；雌蝦的交接器呈圓盤狀，前片的頂端疣突較小而尾節呈刺狀，背的中央具縱溝，兩側的後半部邊緣有剛毛，雌蝦體比雄蝦大。

 通識百寶箱

蝦全身皆是寶？

日本大阪大學的科學家發現蝦體含蝦青素，它有助消除時差反應所產生的「時差症」。蝦殼則有鎮靜和治療神經衰弱、植物神經功能紊亂諸症，特別是老年人常食蝦皮可預防缺鈣所致的骨質疏鬆症，提高食慾和增強體質。蝦子（蝦卵）又名蝦觜，含高蛋白，據說有壯陽功效。

漁夫教路

　　香港的行內稱紅尾蝦為"鹹水中蝦"，外殼薄而硬，有油彩色澤，味道鮮美可口，肉質略結實，頭部有沙，吃時要注意。中國福建養殖長毛對蝦減少了，改而把不少長毛對蝦幼體及蝦苗運送到浙江放養。然而因為紅尾蝦在池塘養殖長不大，又欠缺國際市場，只能曬蝦米或做蝦仁，所以蝦農不太願意養殖。

學名：Parapenaeopsis hungerfordi

九蝦（狗蝦）

英文：Dog Shrimp
粵音：Gau Ha

香港：狗蝦、九蝦
中國：亨氏仿對蝦
台灣：亨氏仿對蝦

分佈 馬來西亞、印尼、中國、台灣、香港

生長條件 / 習性											
棲息/出沒：沙地											
食糧：藻類、無脊椎的浮游生物類											
水深層：2~45米											
當造期：											
1	2	3	4	5	6	7	8	9	10	11	12

九蝦為雜食性，夜行動物，夜間活動並進行覓食，白天潛伏在深度3厘米左右的沙底。產卵期為春季和秋季，牠的體長一般為40~90厘米，最大可達95厘米。

額角末端稍向上彎，具有7~8顆額上齒，並達第一觸角柄之末端；額角後脊具等長的中央溝

頭胸甲兩側橙黃色；腹部具有由褐色、橙色及黑色組合的九節條紋；體色呈暗粉紅色

頭胸甲較厚，表面光滑；頭胸甲上的縱縫佔整體之2/3

尾柄長度為第六腹甲的1/3，側緣沒有刺；尾扇末端橙紅色

腹足啡黃色

上水後的九蝦

蝦身會變色，色澤光亮，顏色仍保持鮮麗

冰鮮的九蝦

蝦身顏色泛白，色澤不夠明顯亮麗

食味 外殼堅硬，肉質結實爽脆，味清甜帶點淡淡鮮味。

烹調 白焯、蝦仁、生吃、煎、炒

狀況 |

價錢

備註

雄蝦生殖器官對稱而側葉較厚；雌蝦生殖器官的側板呈新月形兼達至中央板。

蝦頭為何會變色？

蝦殼會變顏色，因甲殼下的真皮層含不同色素細胞，尤以蝦紅素細胞居多，它類似 β 胡蘿蔔的橙紅色素，可與不同種類的蛋白質相結合，產生變化後出現紅、橙、黃、綠、藍紫等色澤，經加熱後體內大部分色素遭高溫破壞和分解，唯獨蝦紅素沒有遭受破壞，繼而與蛋白質分離，留下了大部份的橙紅色素，故蝦煮熟後外殼變為紅色。

漁夫教路

　　九蝦的名稱，乃源於堅硬緊密的外殼，一截截的花紋，色體呈淡黃與淺褐相間，由頭到尾，剛好是九節的數目，所以稱為九節蝦。體積碩大如姆指般大小，其蝦頭充滿嫩滑帶甘香的膏脂，焯熟後的膏漿，香氣撲鼻，十分清鮮，蝦肉就清甜爽口，因為外殼太硬，不受食家歡迎，但是牠卻是價錢實惠的鮮活或冰鮮海蝦，食味不輸花蝦或鬼蝦，驟眼看去，還有點像花蝦的仔蝦，屬中小型的仿對蝦，漁民會以鮮活、冰鮮和製成蝦乾。

學名 : *Penaeus semisulcatus de Hann*

鬼蝦

英文 : Striped Prawn
(Coastal Mud Prawn)

粵音 : Gwai Ha

香港：花蝦、熊蝦、鬼蝦
中國：短溝對蝦
台灣：熊對蝦、台灣斑節蝦、短溝對蝦

分佈　非洲、馬來西亞、菲律賓、印度、印尼、
新加坡、中國黃海及東海、台灣、韓國、
日本、澳洲、越南

生長條件 / 習性											
棲息/出沒：沙地											
食糧：藻類、浮游物											
水深層：2~120米											
當造期：											
1	2	3	4	5	6	7	8	9	10	11	12

　　鬼蝦原生於印尼和台灣外，越南北部灣也有很多。牠喜在波浪較小的海灣內底棲息，為雜食性，屬夜行動物，夜間活動並進行覓食，白天潛伏在深度3厘米左右的沙底。覓食時常緩游於下層，間中也游向中上層。產卵盛期為越冬洄游，在嚴冬下蝦苗和成蝦會沉於水底避寒，待溫度回升才出來覓食。牠的一般長度13~18厘米，最長可達23厘米。

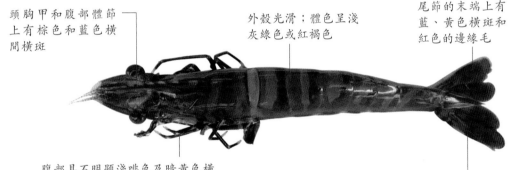

頭胸甲和腹部體節上有棕色和藍色橫間橫斑

外殼光滑；體色呈淺灰綠色或紅褐色

尾節的末端上有藍、黃色橫斑和紅色的邊緣毛

腹部具不明顯淺啡色及暗黃色橫帶；胸足、腹足及觸角有紅白色交替的斑紋；胸足尖呈白色

尾肢末端呈紅色及黑褐色；尾尖為鮮豔的藍色

養殖鬼蝦

色澤偏紅但不夠鮮明，略呈暗啞色。

食味 肉質飽滿鮮甜，肉厚，味帶點微甘。

烹調 生吃、煎、炸、焗、生焗、鹽燒、蒸、白焯、酒醉

狀況

價錢

備註
蝦體色澤如草蝦的橄欖色，只是其色偏紅，蝦足卻呈鮮紅色。

通識百寶箱

蝦紅素不是來自蝦子或三文魚？

蝦紅素 Astaxanthin 首先於龍蝦體內發現，並將其抗氧化特性應用在化妝品與醫藥領域中，近年更添加於健康食品中以提供抗氧化功能，它是類胡蘿蔔素家族中一個具有高氧化活性的物質，人們常誤信它由三文魚、蝦子等動物攝取，事實並不是。蝦紅素是深海中矽藻的萃取物，須在顯微鏡協助下才能觀察到。當陽光太強或養分不足等不良生存環境時，矽藻會製造大量蝦紅素以抗氧化成分防禦外來壓力。當海洋動物吃入含有蝦紅素抗氧化劑的矽藻，存於體內，也會含有這成份，但保健食品主要加入由矽藻萃取蝦紅素以增加抗氧化、抗自由基的功效。

漁夫教路

香港的俗名為"鬼蝦"，寓其色澤陰森可佈的意思。事實上，牠的身上斑節呈黑與暗紅色，並在斑間有一道雪白底，每遇牠張牙舞爪揚鬚的蝦頭相襯下，仿似青面獠牙、陰森可佈的感覺。這蝦也在多地闢有養蝦場，只是蝦苗從海中撈捕，經過三個月的養殖期，體積可達38克，到了五個月就已達150克，因為生長快又肉厚，深受蝦農歡迎。海鬼蝦的外表在黝黑中稍帶淡身，具光澤，食味鮮甜。

90年代的正宗鬼蝦，身上有鮮明褐黑與瘀紅的斑節，尺碼比較大。

學名：*Metapenaeus ensis*

麻蝦

英文：Greasyback Shrimp
粵音：Maa Ha

香港：麻蝦、沙蝦、基圍蝦、中蝦、麻棕蝦
中國：刀額新對蝦
台灣：劍角新對蝦、沙蝦、蘆蝦、中蝦

分佈 日本、印度、澳洲、台灣

生長條件 / 習性											
棲息/出沒：深海泥地											
食糧：底棲生物和底層浮游生物											
水深層：18~64米											
當造期：											
1	2	3	4	5	6	7	8	9	10	11	12

麻蝦屬中型蝦，因牠有挖沙潛底的特殊習性，別稱沙蝦。牠是廣食性蝦種，主要在5~10月間沿岸有大量種苗存在。雌性最大體長為16厘米，雄性為13厘米，一般長度7~14厘米。

額角直而窄，具有6~10顆額上齒，並達到第一觸角柄末端

佈滿密集的淺褐色點

背緣中央縱脊呈黑色或灰色；腹足及尾肢後部粉紅色至紅色

第二觸角鮮紅色

尾柄寬闊且有深中央溝

大型成蝦(超過9厘米)具有淺灰藍色的尾肢，其末端藍及紅色，而且有紅白間色的胸足

沙棲新對蝦

沙棲新對蝦 (*Metapenaeus moyebi*, Moyebi Shrimp)屬麻蝦、沙蝦、中蝦的一種，身上佈滿墨綠色小點，胸足白色，尾肢末端紅色。

食味　蝦體肥美，外殼薄。

 烹調　煎、焯、酒醉、生吃、蒸、蝦膠

 狀況　

 價錢　

甲殼類‧對蝦科

Penaeidae

備註

1. 體色隨其大小變異，由淺褐色至鮮粉紅色，成蝦若體長超過6厘米便會呈淺啡黃色。
2. 幼蝦(不超過6厘米)呈墨綠色至深綠色。
3. 雄性及雌性的生殖器官對稱。

通識百寶箱

蝦片真的含蝦肉？

零食吃的蝦片是用小蝦類的海產製成蝦糜，再混合木薯粉、發粉、雞蛋、沙糖、鹽、醬油等，經過蒸熟、冷藏、切片、烘乾、油炸、輾壓等工序而成。由於有無數充滿二氧化碳的小氣孔，經油炸後體積不但增大幾倍，還達到鬆脆的口感效果，這是真的蝦片。然而，市面上有很多平價蝦片只用上一些蝦油、薯粉和調味品調和製作，沒有蝦的成份，都因有其味道而被稱為蝦片。

漁夫教路

　　沙蝦為新對蝦屬，正式名稱為刀額新對蝦，沙蝦在各地的俗稱較為混亂，臺灣多叫沙蝦，也有人叫蘆蝦，深圳叫沙蝦，也有人稱麻蝦，湛江稱泥蝦，汕頭、詔安稱沙蝦，同安叫土蝦，廣州、香港酒樓則稱為基圍蝦。近年，由於河川受到重金屬及農藥污染，令到養殖環境惡化，導致牠們面對疾病，因而使野生及養殖麻蝦產量下降，收穫減少和呈現不穩定狀況，常有供需不平衡的現象發生。麻蝦養殖周期較短，生命力較強，一年可有多造收穫，飼養時可單一養殖或與其他蝦類或鯔魚混養。

粵名: *Metapenaeus affinis (Metapenaeus mutates)*

海基圍蝦

英文: Sand Prawn

粵音: Hoi Kei Wai Ha

香港: 麻蝦、沙蝦、基圍蝦、中蝦、赤爪蝦
中國: 近緣新對蝦
台灣: 近緣新對蝦

分佈 中國、台灣、香港、馬來西亞、印尼

生長條件 / 習性											
棲息/出沒: 泥底海域											
食糧: 蘆葦附近的微生物											
水深層: 20~50米											
當造期:											
1	2	3	4	5	6	7	8	9	10	11	12

基圍蝦是近岸的淺海底棲蝦,分佈密度以水深20~50米最多,白天休息而夜間活動。當水溫低於12℃時,牠們會潛入深度可達8~10厘米的泥沙中隱藏,主要用上步足和泳足划動沙泥,潛藏於此以避嚴寒,僅露出眼眼和觸鞭視察周邊環境。這蝦為雜食、廣溫和廣鹽性的蝦種,生長力和抵抗力疾病很強,生長速度快,耐低氣和具潛底習性,所以深受蝦農養殖,只要適時捕捉蝦苗便可。體長一般為8~16厘米。

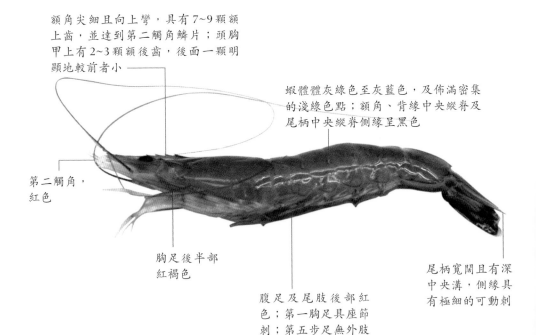

額角尖細且向上彎,具有7~9顆額上齒,並達到第二觸角鱗片;頭胸甲上有2~3顆額後齒,後面一顆明顯地較前者小

蝦體體灰綠色至灰藍色,及佈滿密集的淺綠色點;額角、背緣中央縱脊及尾柄中央縱脊側緣呈黑色

第二觸角,紅色

胸足後半部紅褐色

腹足及尾肢後部紅色;第一胸足具座節刺;第五步足無外肢

尾柄寬闊且有深中央溝,側緣具有極細的可動刺

食味

薄殼肉厚，海蝦味鮮清爽；養殖蝦味略淡兼肉稍腍軟。

烹調

白焯、清蒸、炒肉

狀況

價錢

備註

雄性及雌性的生殖器官對稱，但形狀有別，於 M. ensis，但體色相近似。

通識百寶箱

基圍蝦又是海麻蝦？

麻蝦和基圍蝦種屬相同，都是刀額新對蝦，只是體色有分別吧！因為基圍蝦利用河涌捕苗養殖，從繁殖至成熟皆在河涌泥地進行，故體色呈黝黑色澤，但都是吃用河川或海口的微生物，外殼仍呈亮麗色彩，不見喑啞。海麻蝦卻是生長於海中的泥地，活動範圍較廣，所以色澤光亮帶紅身。然而吃起來，海麻蝦的味道略鮮，因吃用天然的浮生物，而基圍蝦卻吃食田基下的浮游生物，生長環境不同，雖屬同種，色澤和味道也略為偏差。

漁夫教路

　　基圍蝦是珠江河口的經濟養殖蝦，因為能對低鹽、高水溫和低溶氧有較強的忍耐能力，離水後仍可長久不死，生猛，故漁販多售賣鮮活品種，亦因為牠們生長在水稻田基的圍欄內，所以稱為「基圍」，現代則多數在河口建造養飼池人工飼養。香港昔日也有基圍蝦盛產於元朗流浮山、南生圍，那裏一帶有紅樹林生長，浮游生物豐富，基圍蝦喜在沿海範圍的小河小涌生活，漁農只要從河涌引進大量海水，當中混有麻蝦的精子卵，只要蓄養便可養殖，蝦隻就依靠啜食附近的蘆葦和微生物而生長，從蝦苗至成蝦需時約一年。期間就蝦農就按照農曆潮汐漲退而進行"引竇"。"放竇"的操作時間管理首尾的閘口，行內就把閘稱為"竇"的意思。

海基圍蝦和麻蝦的對照，雖屬同種，但色澤卻不同，體色是前者草綠；後者是粉紅帶白。

赤米蝦（寬突赤蝦）

粵名
Metapenaeopsis barbata [Metapenaeopsis palmensis]

英文：Southern Velvet Shrimp
(Norther Velvet Shrimp)

粵音：Cek Mai Ha

香港：赤米、紅米
中國：鬚赤蝦、寬突赤蝦、鐵殼蝦
台灣：鬚赤對蝦、婆羅門赤對蝦、火燒蝦、狗
　　　蝦、大厚殼

分佈 中國黃海及東海、日本、台灣、韓國、
香港、泰國、馬來西亞、印尼、澳洲

生長條件 / 習性
棲息/出沒：沙泥底
食糧：浮游生物
水深層：20~220米
當造期：5~10月當造

1	2	3	4	5	6	7	8	9	10	11	12

赤米蝦偏好底質為細砂、中細砂和粗砂的環境，較不受溫度及鹽度影響，但有洄游習性。夏末秋初，成蝦會外游時海中；秋季時，婆羅門赤對蝦和鬚赤對蝦之稚蝦會同時洄游，後者數量比前者為多而佔優。春季時，鬚赤對蝦外游，而婆羅門赤對蝦的稚蝦持續補充至近岸海域，使得近岸底棲蝦類豐度達到高峰。赤米是香港的低價對蝦，在沿岸沙地棲息，腸筋含沙，體色透明佈滿紅斑點，在水游泳滿好看。牠在夏秋之交最盛產。一般體長為4~6厘米，最大可達10厘米，市場上不多見。

甲殼遍佈細毛

額角平直且尖兼具
有6~8顆額上齒

尾柄呈淺黃色

觸角具有紅白相
間之條紋

胸足全部具有外肢；
腹肢基肢外側白色

體色佈滿不規則的紫
紅色或鮮紅色斑紋

第一觸角上鞭及下
鞭的的長闊相同

食味

肉質厚而爽脆帶綿滑，硬殼，腸筋含沙泥，味鮮來自海水的鹹鮮帶回甘。

烹調

白焯、椒鹽、蝦仁、煎、炸、炒

狀況

價錢

備註

赤米蝦在香港常見有二，一者的蝦體呈暗粉紅至橙褐色，佈滿不規則的深紅色及白色之斑紋；另一者則蝦體呈暗灰色，佈滿不規則的深灰色及白色之斑紋。

通識百寶箱

蝦米也有分鹹淡水？

活蝦有鹹水蝦與淡水蝦之分，曬製後的蝦米因按水域而分鹹水和淡水兩種。鹹水蝦米不單只有鹹味，味道比較鮮美，肉質鬆嫩，比淡水蝦米還略勝一籌。當然蝦米體形越大，價格越高，用大蝦製成的不能稱蝦米，叫作蝦乾。從顏色看，蝦米成品肉身均發紅，但不同天氣製作的蝦米，其色澤味道也不一樣。晴天曬制的蝦米，色澤鮮明油亮，味道鮮甜淡口；陰天曬製的蝦米因缺乏陽光曬照，全靠風乾或烘乾，色澤暗紅無光，肉帶鹹味。從外觀而看，活蝦製的蝦米，蝦身必呈彎曲狀，新鮮度愈高就愈彎曲。

漁夫教路

　　赤米的外殼比別的蝦較硬，部份釣友們不喜歡採用作為魚餌，但鑑於牠是本地常見的蝦，亦是海魚的主要食物來源，容易吸引魚類捕食，特別是赤鱲、紅斑、黃腳鱲的最愛。牠在水裏游泳呈半透明狀，但身上因佈滿紅斑而觸目。活跳時十分生猛，但是容易死亡，要是處理不好，很快就會變黑腐臭，色澤駭人兼難聞。

黃蝦

學名 *Metapenaeus joyneri*

英文：Shiba Shrimp
粵音：Wong Ha

香港：小白蝦、黃蝦
中國：周氏新對蝦、沙蝦、黃新對蝦
台灣：周氏新對蝦

分佈 中國東海及黃海、香港、台灣、韓國、日本

生長條件 / 習性											
棲息/出沒：泥地											
食糧：浮游生物											
水深層：0~40米											
當造期：5~10月當造											
1	2	3	4	5	6	7	8	9	10	11	12

黃蝦屬於雜食性蝦類，且適合鹹水養殖，又對惡劣環境的適應性高，抗病力佳，再加上肉質甜美，活動及棲息於泥地。一般長度為7~10厘米，最長可達12.5厘米。

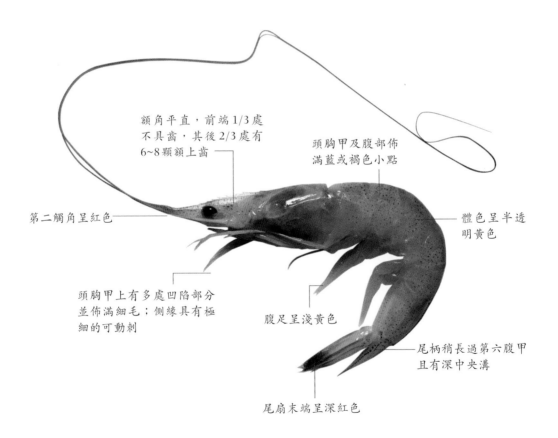

額角平直，前端1/3處不具齒，其後2/3處有6~8顆額上齒

頭胸甲及腹部佈滿藍或褐色小點

第二觸角呈紅色

體色呈半透明黃色

頭胸甲上有多處凹陷部分並佈滿細毛；側緣具有極細的可動刺

腹足呈淺黃色

尾柄稍長過第六腹甲且有深中央溝

尾扇末端呈深紅色

食味　肉質脆軟幼滑，薄殼，肉鮮甜帶甘香。

備註

雄性生殖器官對稱，其側葉較中葉硬和厚。雌性生殖器官的中央板被具有新月形側板包圍。

烹調　白焯、清蒸、蝦仁

狀況

價錢

通識百寶箱

蝦殼和泥腸除掉免生病？

蝦的食用部份主要是殼內肌肉，但要保存蝦肉質素，便要進行快速加工。一般家庭式處理宜將蝦仔細清洗，瀝乾水份，去除蝦頭、蝦殼和挑去泥腸。這由於蝦以海藻、微生物和浮游生物為主要食糧，所以蝦頭和蝦背部的泥腸藏有大量細菌，需要長時間保存蝦仁就必需去除蝦殼和泥腸，避免黏附在那些部位的細菌作怪，讓人們食後而引致腸胃道不適，導致腹瀉。

漁夫教路

蝦米製法分為水煮法和氣蒸法。前者是古早法和最常用的方法。水煮前必須把原料分級，揀去雜質砂粒，沖洗乾淨，避免蝦出現貼皮現象，煮前要用冷水（冰水最佳）浸泡原料蝦20分鐘左右，水與原料重量比為4：1，按水重量添加約5~6%的海鹽，每鍋蝦煮沸6分鐘左右，期間不斷攪拌和撇去浮面雜質，撈出蝦，如發現蝦殼很快發白，表明已熟透，立即撈出。記着每鍋蝦必須保持鹽水的濃度，約五鍋蝦煮後必須換水。然後採用日曬和烘乾法。將熟蝦放入罩籬瀝乾，置日照曬乾。如遇陰雨天氣，也要推開風乾，保持通爽而不會令蝦料內部因過熱變質。出曬時，把蝦攤在草席或竹簾上，定時翻動讓其迅速乾燥。若便用烘乾法，把煮蝦均勻攤開於烘竹簾上，以爐溫約70~75℃度烘焙約2~3小時。

蝦頭／鷹爪蝦（水濂蝦）

第之 *Trachysalamsvia curvirostris (Trachysalamsvia longipes)*

英文： Southern Rough Shrimp
(Long-legged Rough Shrimp)

粵音： Ha Tau

香港：鷹爪蝦、水濂蝦、蝦頭
中國：鷹爪蝦、厚蝦、厚殼蝦、硬槍殼、沙蝦
台灣：猿蝦、彎角鷹爪對蝦、蘆蝦

分佈 印度、馬來西亞、中國、香港、台灣、韓國、日本、澳洲

生長條件 / 習性											
棲息/出沒：淺海沙泥底											
食糧：浮游微生物											
水深層：13~150米											
當造期：(香港)											
1	2	3	4	5	6	7	8	9	10	11	12

鷹爪蝦生活於印度至太平洋水域，喜歡棲息在近海的海底，日間休息，晚上活動。主要分佈在威海和煙台海域，因為區域有異，所以汛期各異。威海最盛產；東海及黃渤海的產量十分豐盛，東海漁汛期為5~8月；黃渤海漁汛期為6~7月(夏汛)及10~11月(秋汛)。一般長度5~8厘米，最大體長為10厘米。

額角上緣有鋸齒；頭胸甲的觸角刺具較短的縱縫

腹部背面有脊

體紅黃色、淺粉紅色至紅褐色；腹部備節前緣白色，後背為紅黃色，彎曲時顏色的濃淡與鳥爪相似

鷹爪蝦較粗短

尾節末端尖細，兩側有活動刺

甲殼較厚；表面粗糙不平；腹足及尾柄部分呈紅色，有時帶有黃斑

食味　肉厚爽脆，腸無沙，鮮中帶味甘甜。

烹調　生吃、白焯、蒸、煎、炸、熬湯、加工為蝦乾

狀況　

價錢　

通識百寶箱

蝦米要油爆方可溢出香氣？

蝦米多是晾乾後才去殼，因其顏色金黃通透、小粒兼彎曲似鈎狀，又稱金鈎。於日曬後不去殼的會稱為蝦皮，而體大身直的稱蝦乾，食法都是與蝦米相若。蝦米含豐富蛋白質，有益腎補陽的作用，可為菜餚增添鮮味。不去殼的蝦皮更含豐富鈣質。蝦米因為經過曬乾的工序，使用前要先浸泡開來，同時要用熱油爆過，才能把味道溢出。許多油性醬料如 XO 醬、海鮮醬等都會使用油爆蝦米帶出味道。往往加了蝦米醬料的菜餚就多了一種海產鮮味，反之，水煮式的醬料就沒辦法把蝦米的香味和酥脆口感帶出來。

漁夫教路

　　鷹爪蝦因其腹部彎曲，形如鷹爪而得名。香港漁民稱牠為“蝦頭”，可算是本土蝦種，因其頭大殼硬，肉厚味鮮，清甜爽脆，出肉率高，屬中型經濟蝦類，以鮮銷和加工蝦仁為主，由於蝦體完整，色澤鮮美帶金黃，外形如彎月又似鐵鈎，故稱為“金鈎蝦米”，分有春金鈎和夏金鈎，以春蝦米的品質為佳。現在到上環海味街，海味店都會以金鈎蝦米為推荐，可見其品質和名聲之佳，享譽盛名。

粵名：*Acetes erythraeus Nobii*

梅蝦（銀蝦）

英文：Tsivakihini Paste Shrimp

粵音：Mui Ha

香港：梅蝦、銀蝦
中國：梅蝦、銀蝦

分佈：中國、香港、台灣、菲律賓、印尼、非洲、澳洲、菲律賓群島、印尼群島

生長條件 / 習性											
棲息/出沒：泥底或沙底											
食糧：浮游微生物											
水深層：0~60米											
當造期：											
1	2	3	4	5	6	7	8	9	10	11	12

梅蝦屬於大型浮游性甲殼動物，在食物鏈擔當中次級生產力的供應者，提供為大型蝦和魚類的食糧，這蝦的家族尤以日本和中國品種為首。每年年初，牠的綠色卵子，待長成後其體積發脹為雙倍，繼而孵化為幼蟲，即年生長。雌性最大體長為16~40毫米；雄性為16~32毫米，成熟蝦最大有1~4厘米。牠是製造蝦醬的主要材料，漁民會乾曬成蝦皮。

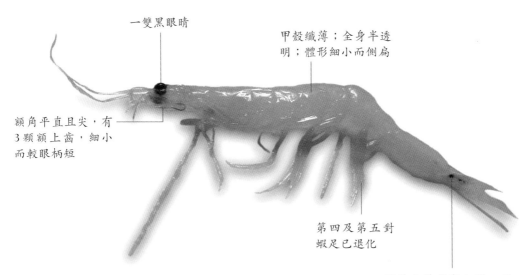

一雙黑眼睛

甲殼纖薄；全身半透明；體形細小而側扁

額角平直且尖，有3顆額上齒，細小而較眼柄短

第四及第五對蝦足已退化

尾肢內肢具數紅點，該色素來自一種寄生蝦的紅藻，含有蝦紅素

備註

日本毛蝦與中國毛蝦的分別是尾肢內肢含有兩紅點，雌性最大長為15~30毫米；雄性為11~24毫米，雄蝦比雌蝦細，剛好與中國毛蝦相反。牠是韓國泡菜的鮮味來源。

食味　肉少鮮甜，薄殼。

烹調　曬蝦乾，醃鹹作泡菜的鮮味引源、熬湯，
煎、炒、鹽水醃（生吃）

狀況　

價錢　

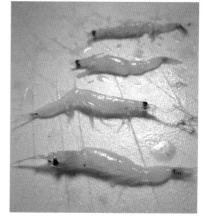

梅蝦的尾部有明顯的紅點，韓國和中國會醃鹹
或曬乾作泡菜或蝦皮，提鮮調味之用。

通識百寶箱

禁止拖網來保護海洋？

漁民捕蝦使用"低拖網捕魚法"，以捕捉海底的蝦，因為牠們喜活動在海床上，
捕捉時需要精確計算和熟練技巧。這是離岸二百公里內的海洋漁業，也可說是
近海漁業。漁民捕蝦時，需要把漁網在水深約八十米以下網作業，並對有關海
床很瞭解，才有收穫。據說傳統捕蝦方式通常只需一艘蝦艇拖動漁網，方能把
各式蝦類入網，亦可兼獲其他海產。但是在拖網時不免會撈起各種海床生物，
對海洋的生物鏈造成一定的損害，故被受批評。故香港特區政府應世界自然（香
港）基金會要求在2011年前全面禁止拖網式捕魚，並在2012年底實施了禁止拖
網，香港銀蝦的採捕亦被終止。並於2016將本港30％水域劃為禁捕區。

漁夫教路

　　本港海域育有優質銀蝦，體形細小，體色白中含粉紅，身長1~2.5厘米，
有兩條紅色的小蝦鬚，蝦殼透明，蝦肉呈粉紅色，生命周期約3~6個月，
必需連殼吃，其含豐富鈣質和蛋白質，亦有礦物質及維他命。香港漁民會以40
呎長的「梅蝦拖船」作業撈捕，製造大澳名產"蝦醬"和"蝦膏"，只是以銀蝦、鹽
份和水份比例而作差異性。全盛期，這裏有不下十間廠，實施禁止拖網而可說
是對蝦醬製造業雪上加霜。唯有從內地取銀蝦乾，內地稱蝦皮。蝦皮加入鹽份
撈勻，經過發酵而產生獨特鹹香風味，再在猛烈陽光下日曬數小時，期間需要"翻
身"，入桶儲存。

羅氏沼蝦

粵音 *Macrobrachium rosenbergii*

英文：Giant River Shrimp (Giant Freshwater Prawn)

粵音：Law Si Mong Ha

香港：羅氏沼蝦
中國：淡水長臂大蝦
台灣：泰國蝦、泰國長臂大蝦、羅氏沼蝦（雌蝦）

分佈　原產地印度、越南、泰國、新幾內亞、緬甸、馬來西；養殖地中國、日本、台灣、韓國、柬埔寨、夏威夷、加勒比海等地

生長條件 / 習性											
棲息/出沒：淡海水環境、河川下游											
食糧：水生動物、甲殼類、水生昆蟲、藻類											
水深層：0~30米											
當造期：											
1	2	3	4	5	6	7	8	9	10	11	12

羅氏沼蝦是體型最大的淡水蝦類之一，適合生長於25~30℃的水溫下，若水溫高於33℃或低於18℃則會停止攝食，而長期在水溫12℃以下的溫度有死亡的可能，在水溫8℃以下則會凍斃。牠是雜食性兼貪吃，愛吃含腥味重的食物，對環境生長能力強，故在黯暗的水域生活，體型卻更大。雌蝦交配前先脫殼，並在第4、5對腳基部環節長出剛毛以便輸送卵子，雌蝦會在交配於半淡鹹水中排卵，每次排卵需時20分鐘，受精卵在一日內裂開，待至第八、九天時，身體會開始跳動和具蝦苗模樣，幼體變態過程需要有鹽份的半鹹淡水。一般長度為25厘米，最長者可達32厘米。

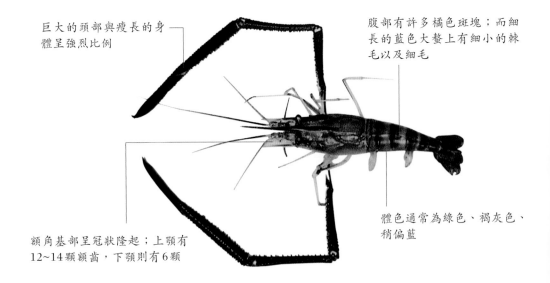

巨大的頭部與瘦長的身體呈強烈比例

腹部有許多橘色斑塊；而細長的藍色大螯上有細小的棘毛以及細毛

額角基部呈冠狀隆起；上顎有12~14顆額齒，下顎則有6顆

體色通常為綠色、褐灰色、稍偏藍

食味　肉質爽脆而結實，味道清甜可口，蝦味很淡。

 烹調　焯、蒸、煎、燒烤、鹽燒、燴煮

 狀況　

 價錢　

 通識百寶箱

魚塘和基圍適合養蝦嗎？

不少人把魚塘和基圍混為一談，兩者是截然不同的漁業運作模式。魚塘養殖是漁民買回來的魚苗，須以魚糧餵飼，水深達3米，較人工化和養殖鯪魚、鱅魚、草魚、鯽魚。基圍則是指設基堤圍繞淺水的養蝦方式，利用潮水漲退、控制水閘把后海灣的蝦苗和潮水引入基圍，蝦會以紅樹林落葉等有機物為食，水深僅10~30厘米，較為「天生天養」的模式去飼養蝦幼苗。

漁夫教路

　　中國、台灣和日本均有養殖的淡水長臂蝦，蝦苗由泰國引進，及後人工繁殖成功，廣泛養殖，並成為漁民在休魚期的收入之一，然而這種蝦天性兇猛，不時在養殖場內互相攻擊，不適合與其他蝦或魚類混養，否則容易捕食或變傷殘。這蝦種懼冷，需要在寒冬前要收蝦。由於生命力強，故出水後仍保持新鮮，香港新界的米埔一帶基圍生長的是同屬的日本沼蝦。不過一些不法商人會在污濁水域養殖，也會給抗生素以餵食加速成長，所以香港市民普遍少吃。

紅蝦

蝦科 *Solenocera crassicornis*

英文：Coastal Mud Shrimp

粵音：Hung Ha

香港：紅蝦

中國：中華管鞭蝦、紅蝦、大腳黃蜂

台灣：大頭蝦、中華管鞭蝦

分佈 印度、巴基斯坦、馬來西亞、台灣、日本

生長條件 / 習性											
棲息/出沒：泥底海域											
食糧：浮游生物、棲底生物											
水深層：1~85米											
當造期：											
1	2	3	4	5	6	7	8	9	10	11	12

紅蝦為亞熱帶和熱帶的蝦類，牠們擁有一定游泳能力，某些品種能作長距離洄游，但大部分時間在底表活動或潛伏底內，游泳速度頗佳，在春季游於淺水區產卵。一般長度為3~8厘米，最大體長為14厘米。

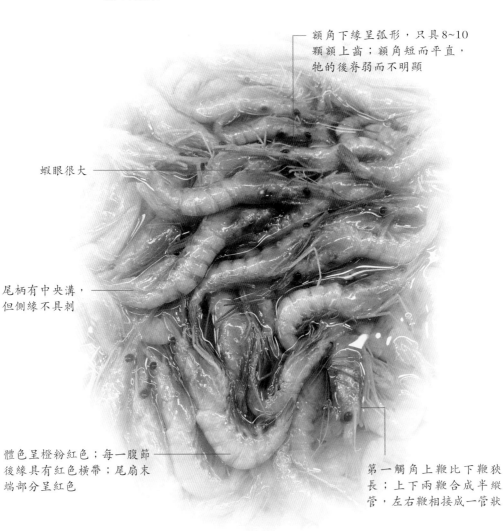

額角下緣呈弧形，只具8~10顆額上齒；額角短而平直，牠的後脊弱而不明顯

蝦眼很大

尾柄有中央溝，但側緣不具刺

體色呈橙粉紅色；每一腹節後緣具有紅色橫帶；尾扇末端部分呈紅色

第一觸角上鞭比下鞭狹長；上下兩鞭合成半縱管，左右鞭相接成一管狀

食味
肉質脪軟帶嫩滑，不夠結實，味道淡而微甜。

烹調
白焯、蝦仁、煎、炸

狀況

價錢

蝦的解剖圖

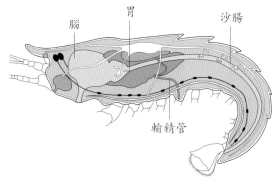

腦　　胃　　沙腸

輸精管

通識百寶箱

營養補充劑為何導致敏感？

市面上售賣的保健品可能令人們產生海產敏感的風險。生產商為了針對用家的症狀和需要，採用海產的原素來改善體質、舒緩痛症或補給身體所需，然而許多保健品含有魚蛋白、甲殼等成份，用家服用了保健品而引起食物過敏。例如葡萄糖胺是預防及治療關節炎的營養補充品，但其成份含蟹、龍蝦或蝦的外殼，如果不能吃甲殼的人士，就會因進食了而出現敏感。近年市場暢銷的膠原蛋白飲料，當中利用魚膠原蛋白製造，對魚蛋白過敏的人士就要避免使用。奧米加3營養補充劑亦大多數是帶有魚蛋白。

漁夫教路

　　蝦類具厚硬的甲殼質外骨骼，龍蝦類、螯蝦類等的甲殼含大量石灰質，故堅硬。每當蛻皮去掉舊殼時，新殼尚未硬化前而增大體積。據知蝦蛻皮時從眼柄內的竇腺控制。牠的舊表皮會開始吸收水份，並在形成薄又軟的新表皮時，中腸腺內已積累大量鈣質，輸送至新殼，令其逐漸變硬。所以在市面上會發現有些行內稱的重皮蝦，皮軟帶韌而緊貼蝦身，反而蝦殼極纖薄，起肉脫殼必須徹底去掉軟皮，否則難於入咽。

粵名: Oratosquilina interrupta

蝦蛄（瀨尿蝦）

英文： Mantis Shrimp (Stomatopods)
粵音： Lai Liu Ha

香港：瀨尿蝦、酹尿蝦、富貴蝦、鹹蝦笋
中國：斷脊口蝦姑、爬蝦、彈蝦
台灣：斷脊口蝦姑、蝦蛄、螳螂蝦斷脊似口蝦姑

分佈 台灣、香港、越南、澳洲、波斯灣

生長條件 / 習性											
棲息/出沒：沙泥底質											
食糧：甲殼類、小魚類、蚯蚓、沙蠶											
水深層：0~25米											
當造期：全年(10月~4月)											
1	2	3	4	5	6	7	8	9	10	11	12

蝦蛄是肉食性的甲殼動物，頭胸部有一對像螳螂似的鐮刀狀前腳，步足三對，腹部有游泳鰭。牠的性情兇猛，視力敏銳，攻擊力超強，施展臂力可高達體重之2500倍，能擊破底棲不善游泳的甲貝動物的硬殼，吃其肉。由於善於游泳每當被抓時，牠的腹部會射出無色液體，形同水箭，以阻嚇敵人。成熟蝦的體長到了18厘米，就可進行交配，並把受精卵直接排於體外，幼蟲經過38天約11期體變態的浮游期，轉為幼蝦，再成長36天又變成熟蝦。

第三顎足長節前下緣具刺；腕節背脊凹凸不平；半鉗指節具6大刺；腹部第4至第6節之側脊後方皆具尖刺

頭胸有一對像螳螂刀的前腳；頭胸甲背脊之前叉與縱脊分離

尾扇發達且多刺

尾部外肢黃色；身體淡綠色或黃綠色

口蝦蛄(Oratosquilla oratoria, Japanese Mantis Shrimp)體淺褐色，頭胸甲隆脊呈深紅色，尾柄的中央脊有柔基刺脊呈深褐綠色，基刺尖呈紅色。這蝦蛄身上有三節白色，代表蝦膏肥美。

本地有膏蝦蛄，屬長叉口蝦蛄(Miyakea nepa, Mantis Shrimp)，體背呈灰綠色，全部隆脊、溝及體節後緣均呈褐綠色，尾柄呈的中央脊及側緣呈深綠色。尾肢外肢的尾節呈黃色。

食味
肉質鮮嫩味甜帶鹹，少肉，殼硬帶刺。

烹調
白焯、清蒸、椒鹽、煎、炸

狀況

價錢

蝦蛄的背面

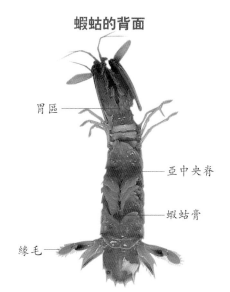

胃區

亞中央脊

蝦蛄膏

緣毛

通識百寶箱

瀨尿蝦體色變是死亡先兆？

香港大嶼山附近的分流角一帶有瀨尿蝦生活，其蝦身碧綠帶黃，個子比較小。泰國飛機貨的色澤略褐黑，每隻體重約10兩，容易死亡，因牠們愛好勇鬥狠。斑馬瀨尿蝦的甲殼軟，肉厚為了防避打架，會獨立困於膠樽內，減低死亡。回說本地瀨尿蝦的生命力強，十分生孟，背部呈碧綠色澤的，肉質纖維細緻，嫩滑爽脆，只是略嫌肉小，但當發覺牠的體色由綠轉黃，蝦爪放緩，表示死亡將至，蝦肉開始缺乏彈力和變臉軟，更糟糕的是肉變水，迅速變腐，不能再吃了。

漁夫教路

蝦蛄是口足類，但不是甲殼類的真正「蝦」，因為真正蝦屬於十足目。牠是河口淺海產者，亦是漁民用底拖網漁船的次要漁獲。這蝦前方的第二隊顎腳，不會夾人卻力量極大敲擊敵人或獵物，不慎被傷的人，其傷口深可見骨，連厚殼文蛤都可直接被敲碎。蝦蛄的體色深屬深海生長，肉質特別爽甜；淺色甲殼者就來自淡水或鹹淡水交界，肉身較臉滑，味道較淡。漁民說美味的蝦蛄應在其背有「籠」，即是藏於蝦背呈一道黑色線狀的物體，稱為蝦膏，在燈光下尤其清晰。挑選新鮮生猛的瀨尿蝦，以甲殼深色為佳，這表示牠們生長在深海，肉質特別爽甜，相反地，淺色甲殼多來自淡水或鹹淡水交界，肉身較"削"不夠堅實富彈力，味道較差。

印尼斑馬蝦蛄

粵音：*Lysiosquilla maculata*

英文：Banded Mantis Shrimp (Zebra Mantis Shrimp)

粵音：Ben Ma Lai Liu Ha

香港：斑馬瀨尿蝦、斑馬蝦蛄
中國：斑馬蝦蛄、爬蝦、彈蝦
台灣：蝦蛄、斑馬螳螂蝦、虎斑蝦蛄

分佈	印尼、菲律賓、沙巴

生長條件 / 習性											
棲息/出沒：海底污泥、砂質海底											
食糧：甲殼類、小魚類、蚯蚓、沙蠶											
水深層：15~25米											
當造期：3月~5月，8~10月											
1	2	3	4	5	6	7	8	9	10	11	12

斑馬蝦蛄的天性兇殘，就算遇到同類，也會互相廝殺，愛在白天潛伏於砂質海底，夜間才會出來活動，甚至爬行到海灘上覓食，並留下爬行途經泥灘上的尾扇耙似的痕迹，故又稱"蝦耙子"。在深水海域生長的斑馬蝦蛄，體形碩大，最少也有10吋長。

體表有類似斑馬
的褐紅色橫紋

頭胸有一對像螳螂
刀的帶紅色前腳

尾部外肢
紅黃間色

頭胸甲背脊之前
叉與縱脊分離

第三顎足長節
前下緣具刺

尾扇發達
且多刺

腕節背脊
凹凸不平

半鉗指節具6大刺

腹部第4至第6節之
側脊後方皆具尖刺

食味
肉質脸滑，比一般瀬尿蝦的味道鮮甜且含多膏。

 烹調
開邊蒸、白焓、焯煮、粉絲蝦煲、避風塘式炒、椒鹽

   狀況

  價錢

通識百寶箱

瀨尿蝦的防禦武器是射尿液？

自然界裏，物競天澤，適者生存，每種生物皆有生存的特質和自衛的本領，瀨尿蝦就有斧爪及硬棘，每遇到網捕或被撈取時，意識到受襲擊，除了張鋒利的"捕肢"外，還會從尾節位置射出如同水箭的液體，藉以擾亂敵方的視線，噴射出的水箭予人有"賴尿"的感覺，於是便戲稱為會瀨尿的蝦。此外，他們遇襲時會立即彎身彈跳，同時地張開如螳螂的斧爪，因而有"彈蝦"或"螳螂蝦"的別名。

漁夫教路

香港的常見蝦蛄有三種：

(1)多生長在本港淺水區的蝦蛄僅約四、五吋長，肉少殼硬又多刺，味道鮮甜，還帶有香香的蝦膏，除了鮮味也會做成蝦乾，大澳就經常有賣。

(2)多來自泰國、馬來西亞的蝦蛄就約有七、八吋長，肉多鮮甜帶爽脆。

(3)來自沙巴、馬來西亞、菲律賓的斑馬瀨尿蝦，因為當地水質佳，肉質爽甜，但薄殼或呈軟，好勇鬥狠，加上離開原長環境而容易死亡，於是被放養於膠樽內獨立飼養，隔離爭鬥，增加存活率。接近死亡的過程中，他們的肌肉內的水分就會排出體外，蝦肉泛白和欠彈性，出現潺液。

青龍蝦

粵名：*Panulirus stimpsoni*

英文：Green Lobster
粵音：Ching Lung Ha

香港：青龍蝦、本地龍
中國：中國龍蝦、本地龍
台灣：龍蝦、金門龍蝦

分佈：中國、香港、印尼、緬甸、斯裏蘭卡、南亞海域、西沙群島

生長條件 / 習性
棲息/出沒：珊瑚礁、岩礁
食糧：小魚類、小型甲貝類、軟體動物
水深層：5~15米
當造期：全年(4~9月)

1	2	3	4	5	6	7	8	9	10	11	12

龍蝦是底棲動物，具遷移性，每到冬季和夏季以水平式移動由淺水移向深水生活。白天潛伏休息，晚間活動。到了夏、秋季節進行交配，牠們是雌雄異體，交配後排出的卵子是鮮紅色，隨時間而變淡粉紅色，並在孵化過程變褐色，直至受精卵於雌蝦的游泳足上孵化至幼體脫膜14次，變成龍蝦幼體，經蛻皮長大成稚蝦，這兩時期的龍蝦游泳力強，能附貼於石蔭和海藻上生活。當雌幼蝦脫膜10~15天，雌蝦便可再次排卵。成長過程中，牠們會定期蛻膜以增體長，隨成長而改用步足於海底爬行，一般成熟龍蝦約30厘米。香港大鵬灣、西貢、東平洲一帶最常發現踪影。

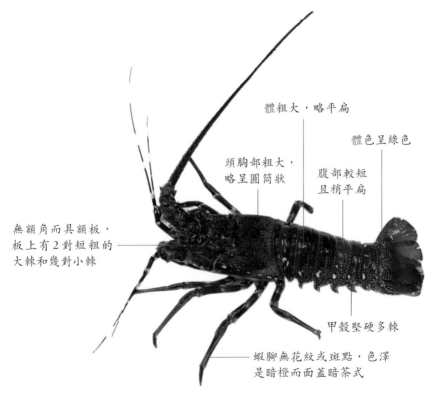

體粗大，略平扁

體色呈綠色

頭胸部粗大，略呈圓筒狀

腹部較短且稍平扁

無額角而具額板，板上有2對短粗的大棘和幾對小棘

甲殼堅硬多棘

蝦腳無花紋或斑點，色澤是暗橙而面蓋暗茶式

食味　每隻由數兩至1斤多，比澳洲龍細，外殼薄，肉爽帶甜，味道清香，雌蝦含膏，味道細膩。

 烹調　清蒸、白焯、開邊蒜茸蒸、香草焗

 狀況　

 價錢　

 通識百寶箱

龍蝦要懂得恰當處理才不浪費？

廚師處理活龍蝦會先讓其睡覺以讓放鬆肌肉，一般會把龍蝦倒過來讓其背部朝下幾分鐘便可以，然後用筷子插尾部而放出尿液，防止有異味存在。要是龍蝦太小，很難使用此法，唯有把龍蝦直接劈開，但會見到一團淺藍色帶灰的濃稠液體，這是牠的血液，十分特別，切記立即洗掉，否則會把皓白的龍蝦肉弄污，浪費了賣相。鮮劏的蝦肉晶瑩剔透，放在冰水下不斷沖刷，卻泛白但超爽脆，這是日本人喜歡做龍蝦刺生的方法，貼近龍蝦肉的暗紅色是雌龍蝦的鰲，帶有紋理的綠色部分是龍蝦肝，許多人非常喜歡，並認為這是龍蝦獨特的味源，白色泡沫狀物質則是龍蝦的脂肪皆可食用的。

漁夫教路

　　本地出產以青龍、花龍為主，體積不大，一般只有六七兩，肉質細嫩，甜美鮮嫩，價錢略貴，但食味佳，加上香港廚師善於烹調海鮮，花樣多多，焗釀、清蒸、白焯、上湯煮等，頗受本地客垂清，只是產量稀少，漁民偶然撈獲，一般消費者就要到稔熟的漁檔方向買到。據漁民說，香港及中國地區的龍蝦原有出產，數量和體積也頗可觀，當年只有老饕一族食用者區多，自海鮮酒家臨立，吃用多了，濫捕嚴重，於是在求過於供下，產量每年遞減，不過因牠的肉質爽甜富彈性，故是眾多龍蝦中肉味最濃郁、最美味的，而且全年當造，但因水源污染問題，令貨源愈來愈少，逐漸成為稀有品種，故價格較貴。

粵名 · *Panulirus versicolor*

珍珠龍蝦

英文：White-spotted Lobster
粵音：Chun Chu Lung Ha

香港：珍珠龍蝦
中國：珠龍
台灣：珍珠龍蝦

分佈 日本、朝鮮、東海、中國及台灣

生長條件 / 習性											
棲息/出沒：岩岸、沙岸											
食糧：小魚類、小型甲貝類、軟體動物											
水深層：0~15米											
當造期：全年(4月~10月)											
1	2	3	4	5	6	7	8	9	10	11	12

珠龍蝦來自海南島，屬於晝伏夜活的動物，每次出沒皆是小小群體，性格兇殘，每回遇上敵人皆會把觸鬚橫豎，扇尾回捲曲，爪縮，狀態兇猛，防止敵人進政。牠們會在幼時游泳，體積漸大反而會以腳爪貼石爬行。一般有25厘米，最長為30厘米，每隻重量只有400克。

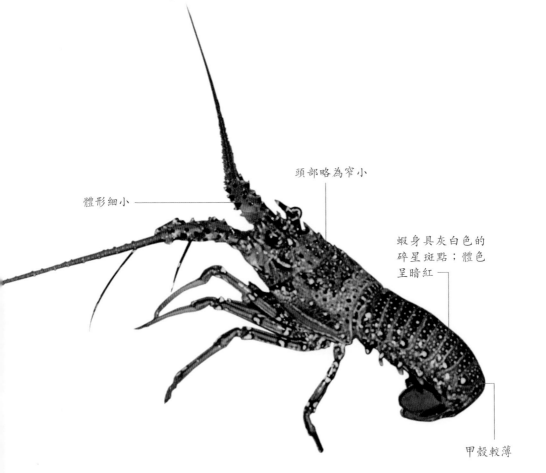

體形細小

頭部略為窄小

蝦身具灰白色的碎星斑點；體色呈暗紅

甲殼較薄

食味 | 肉質結實、爽脆富彈性，鮮甜美味，略帶微鹹，蝦味濃郁。

烹調 | 刺身、生吃、白焯、清蒸、油泡、香草牛油煎、火鍋

狀況

價錢

龍蝦的解剖圖

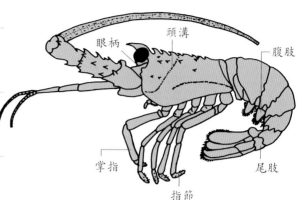

通識百寶箱

珍珠龍蝦原來日本名字叫伊勢海老？

伊勢龍蝦尤以千葉縣為國內出產珍珠龍蝦的首位。牠是日本產的珍珠龍蝦，生活於西太平洋沿岸、日本九州、朝鮮半島南部沿岸的細種龍蝦，味道鮮甜，肉少味濃，卻是日本的最有名龍蝦。每年 5~8 月是伊勢龍蝦的產卵期，此期間禁止捕撈，讓龍蝦能休養生息，過了禁捕期。日本人會在每年 10~12 月期間，於伊勢龍蝦生長海域的各地區舉辦"伊勢龍蝦祭"，並以特惠價販售，同時，各旅館、飯店、民宿也會紛紛推出龍蝦大餐款客。

漁夫教路

　　本地龍蝦深受食客和廚師推崇，然而抵食兼受真正食家欣賞，要算珍珠龍，雖然殼薄肉小，勝在美味鮮甜取勝。選購時以色澤鮮艷，動作活躍，頭身均稱，離水後仍十分生猛。坊間有些海鮮檔會把龍蝦浸於冰水中詐稱因水太凍，令到龍蝦的活動能力放緩，頭部與身體接縫處仍緊密。此外，因海水的鹹度不足，會令蝦身的肉突出，失去生氣，肉質變差。有些不法商人會把龍蝦放在冰水中當活龍蝦售賣，其實那蝦已死亡，故取起時頭身不會緊密相連，蝦肉開始泛白，垂頭軟爪的，了無生氣，價錢大跌，或是以掩眼法偷龍轉鳳，把奄奄一息，離水後很快死亡，所以要揀取信譽佳的商舖購買。

粵名：*Panulirus ornatus*

印尼花足龍蝦

英文：Ornata Spiny Lobster (Spring Lobster, Coral Lobster, Tropical Rock Lobster)

粵音：Yan Lei Fa Cheuk Lung Ha

香港：花足龍蝦、花龍蝦、彩龍
中國：龍蝦、花龍蝦
台灣：龍蝦、紅龍蝦、錦繡龍蝦、青龍珠龍蝦、山蝦、大和

分佈 中國、日本、韓國、台灣、菲律賓、印尼、澳洲

生長條件 / 習性
棲息/出沒：軟泥地、岩礁底
食糧：小型甲貝類、軟體動物、浮游生物
水深層：1~10 米
當造期：全年(6月~8月)

1	2	3	4	5	6	7	8	9	10	11	12

印尼花足龍蝦多自東澳洲，屬雜食性的中大體型龍蝦。棲息於岩礁底，喜歡日間休息，成群秩序井然地在礁底排列，晚上離開岩洞活動和獵食。食量大但耐饑餓。不會大規模群集出沒，只是單獨或小群族相聚。龍蝦約2年半告成熟，可交配繁殖。一般體長為20~35厘米，最大體長可達60厘米。

頭胸甲略呈圓筒狀

背中部、腹部節位和尾柄皆呈寬黑色橫帶

前緣具不同大小之刺

第二觸角柄是藍色

體色呈綠色而頭胸甲略為藍色

發音器略為粉紅色

第一觸角和步足具顯眼之為黃黑相斑節狀花紋

食味

肉質細嫩富彈性，外殼較薄，容易煮熟，味鮮肉甜，每隻由6~14兩（即約225~500克）。

烹調

生吃、白焯、清蒸、蒜茸蒸、焗、油泡、煎、烤（適合做中菜，即使炒球也見爽口，彈性十足）

狀況

價錢

備註

1. 啡殼佈滿橙白藍斑點，長大蝦殼會變青綠。
2. 牠是台灣的稱呼，頭胸甲前部和面均有色彩斑麗，體積不算很大，比較粗身。

甲殼類·龍蝦科 Palinuridae

錦繡龍蝦

80~90年代在海鮮市場售賣的花龍蝦，體積碩大，每隻竟然有6~7斤不等，當時的酒家會起出蝦肉油泡、白焯，頭和殼就會燒焗香脆，加入香草熬湯，屬於一道頗鮮味十足兼可口的湯品。

漁夫教路

　　東澳洲龍蝦捕撈業的管理措施包括設立海洋保護區和捕撈牌照限制、制定捕撈配額、規管漁具和漁獲品種體積等，進一步保育海資源，當地更額外監管閒釣活動，如禁止捕撈正在繁殖的雌龍蝦等，由於這海鮮品種的捕撈業受到良好監管，故東澳洲龍蝦的漁業資源已被完全開發，但仍不易受漁業壓力影響，唯牠們的成熟期較晚，不易被意外捕獲，因而對環境影響有限。

粵名·*Panulirus homarus*

波紋龍蝦

英文:Scallop Spiny Lobster
粵音:Bo Man Lung Ha

香港:龍蝦、青龍蝦
中國:龍蝦、青龍蝦
台灣:龍蝦、紅龍蝦、青龍、青殼仔、沙蝦

分佈	中國、日本、韓國、台灣、菲律賓、澳洲、非洲

生長條件 / 習性

棲息/出沒:軟泥地、岩礁底

食糧:小型甲貝類、軟體動物、浮游生物

水深層:1~90米

當造期:4~7月(特別是5月)

1	2	3	4	5	6	7	8	9	10	11	12

波紋龍蝦是夜行性動物,白天喜匿藏於岩礁間,僅留能發出聲音的兩條觸角試探周邊環境,以互相通訊。他們具群居習性,白天各自佔洞棲息,晚上活動覓食,數十隻成群,一般在晚上6時和清晨6時左右最活躍。在天然環境中6~12個月齡達性成熟,已達性成熟的個體體重一般為30~100克,交配時約為9~12個月。一般長度是20~25厘米,最長度31厘米。

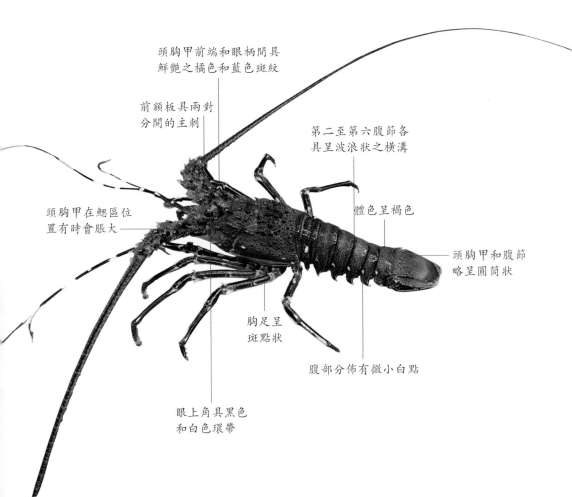

頭胸甲前端和眼柄間具
鮮艷之橘色和藍色斑紋

前額板具兩對
分開的主刺

第二至第六腹節各
具呈波浪狀之橫溝

頭胸甲在鰓區位
置有時會脹大

體色呈褐色

頭胸甲和腹節
略呈圓筒狀

胸足呈
斑點狀

腹部分佈有微小白點

眼上角具黑色
和白色環帶

硬殼肉小，味道鮮甜清爽，肉質潔白，爽
脆中略帶腍軟幼滑。

食味

生吃、蒸、炒、焗、燒、烤、煮、爆炒(尺
碼較小，每隻約700~900克。蝦味不濃
烈，適合配蔬菜和香草。)

烹調

狀況

價錢

備註

1. 龍蝦的第二對腳有小孔是母蝦，
   要是在第四對腳有附足者是公
   蝦，值得一提，公蝦的螯明顯
   很大而母蝦的螯比較細小。
2. 中國龍蝦與波紋龍蝦的外型相
   似，前者的頭胸甲前緣和兩眼
   柄間的中央位置沒有艷麗斑紋，
   牠的四對步足具黃條紋的四；
   後者的胸甲前端和眼柄間具鮮
   艷的橙色和藍色斑紋，其步足
   具黃白點狀斑紋。

甲殼類・龍蝦科

Palinuridae

龍蝦折肢後能再生？

龍蝦遇到危險時，可以丟下肢體如螯、步足、觸角等矇騙捕食者，因牠具有肢
體或器官重生的特質，因其體內含有幹細胞，可保持着分化的能力，當肢體折
斷後，幹細胞會形成一團快速生長的未分化細胞，稱為再生原基(regeneration
blastema)，並立即分化成不同結構，組成新肢體，但新生肢體相對地比原始肢
體略小。簡單而言，幹細胞(英語：Stem cells)是原始未特化的細胞，具潛力保
留了特化出其他細胞類型的能力，可擔當身體的修複系統，只要牠還活着就能
補充其他細胞。幼體龍蝦的再生能力強，損失部分可在第2次蛻皮時逐少復原，
待數次蛻皮後就可完全復原，這種自切與再生能力變成一種天然保護體。

市場上的龍蝦分有硬殼與軟殼，所謂軟殼是指龍蝦成長和生殖而脫皮，牠
的甲殼會變薄軟，只要不在牠們生殖時捕捉，龍蝦一般都是硬殼的。事實
上，龍蝦總是不斷成長而蛻皮換殼，首年將經歷10次換殼，然後約每年一次至
成熟，待成熟時則每三年換殼一次。龍蝦長到12兩時需要6~8年時間。硬殼龍
蝦的肉質最美味，結實鮮甜，相反地，軟殼龍蝦因在換殼時吸收大量水分，肉
味變淡，肉質變疏鬆。蛻皮可分為生長蛻皮和生殖蛻皮，幼蝦脫離母體作第1次
蛻皮，換上柔軟多皺的新皮，迅速吸水成長到成體共蛻皮11次。雌蝦性成熟後
便開始生殖蛻皮，每次交配產卵前都要進行生殖蛻皮，在此期間，龍蝦會出現
軟殼狀況。

黑白龍蝦（杉龍）

英文：Green Lobster (Brown Lobster, Painted Spiny Lobster)

粵音：Hei Pak Lung Ha

香港：龍蝦、杉龍、本地龍蝦、中國龍蝦、黑白龍蝦

中國：雜色龍蝦、黑白龍蝦、中國龍蝦

台灣：龍蝦、白鬚龍蝦、青腳蝦

分佈：中國、日本、澳洲、波里尼西亞、台灣、印度、非洲

生長條件 / 習性
棲息/出沒：水質清澈或稍微混濁的淺海礁區、珊瑚礁或岩礁
食糧：小魚類、小型甲貝類、軟體動物
水深層：4~16米
當造期：全年(6月~8月)

1	2	3	4	5	6	7	8	9	10	11	12

杉龍蝦是獨特品種，與青龍蝦相近，生長條件與一般龍蝦無異，屬夜行性動物，愛在夜間活動和覓食，日間愛躲在岩洞休息。最大體長為40厘米，通常在為20~30厘米。

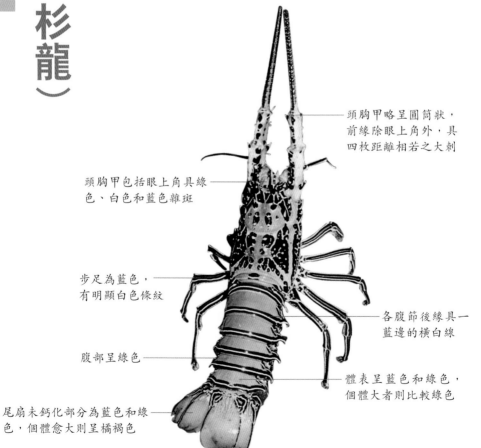

頭胸甲略呈圓筒狀，前緣除眼上角外，具四枚距離相若之大刺

頭胸甲包括眼上角具綠色、白色和藍色雜斑

步足為藍色，有明顯白色條紋

各腹節後緣具一藍邊的橫白線

腹部呈綠色

體表呈藍色和綠色，個體大者則比較綠色

尾扇未鈣化部分為藍色和綠色，個體愈大則呈橘褐色

食味　肉質雪白晶瑩，清甜而爽脆，食味甚佳，雖比不上青龍，但不差於花龍。

烹調　刺身、上湯焗、烘焗、爆炒、油泡、白焯、清蒸、酒煮

狀況

價錢

備註

1. 全身深綠，間以黑白間紋，又稱杉龍。
2. 杉龍蝦品種獨特，與青龍蝦相近。體型較細，體長可至500毫米，帶褐綠色，各種龍蝦中食味最鮮甜。

通識百寶箱

為何章魚是龍蝦的天敵？

龍蝦的求生本能是自斷肢體詐敵，但牠們的天敵是章魚，因為章魚的身體柔軟，也具有斷肢重生的能力，所以可把柔軟的步足狹隘岩礁間伸進龍蝦洞穴中，利用牠的身體能分泌酪胺液體而令龍蝦麻痺，不能移動，繼而用軟足把龍蝦拉出捕食。

漁夫教路

　　揀選龍蝦顏色鮮艷，生猛活躍，頭身均對稱，特別是離水之後，頭部與身體的接縫均合密實者。如果身上有肉突出，多因海水之鹹度不足而造成，龍蝦會失去生氣，肉質變差。香港市售龍蝦品種不少，包括澳洲龍蝦、彩龍蝦、青龍蝦及海南島龍蝦等。論及食味，就以彩龍蝦和花龍蝦最佳，青龍蝦次之，海南島來的龍蝦及澳洲龍蝦價錢則適中。龍蝦貨源主要來自澳洲、菲律賓、印尼、馬來西亞、中國和台灣等地，質量穩定，但水域不同，肉質、色澤和味道也略有差異，但杉龍蝦的外殼青悠，生長速度快，尺碼大而肉多，每隻由數斤至10多斤不等，肉質結實富彈力，烹調時間比較長一點，蝦味適中，能配合不同烹調方法。值得一提，大隻龍蝦要放血，牠的血液是藍色，用筷子從尾葉底端插入約10厘米深，待片刻取出，一道黑線污液流出，行內稱「放尿」，煮熟後才不會帶有異味。

澳洲龍蝦

粵名·*Jasus edwardsii*

英文：Australia Lobster (Crayfish, Red Rock Lobster)

粵音：O Chau Lung Ha

香港：香港：澳洲龍、龍蝦、紅龍蝦、火山龍（紐西蘭種）

中國：龍蝦、岩石龍蝦

台灣：紅螯螯蝦、澳洲龍

分佈 澳洲（南澳）、紐西蘭

生長條件 / 習性
棲息/出沒：水質清澈或稍微混濁的淺海礁區、珊瑚礁或岩礁
食糧：小魚類、小型甲貝類、軟體動物
水深層：5~200米
當造期：3~5月和11~12月（夏末秋初-紐西蘭）

1	2	3	4	5	6	7	8	9	10	11	12

澳洲龍蝦對環境適應性強，能忍耐惡劣天氣環境，愛在水溫5~35℃生活。牠屬食性雜的動物，頗為粗生易養，產量高，活力極強，不易死亡。這蝦的性成熟蝦約7~11歲，交配後的卵子附在雌性蝦尾下的腹毛，每次產蝦卵約10萬~50萬顆不等。澳洲龍蝦每隻平均約600~1200克，一般體長為16~25厘米，最長可達31厘米。至於紐西蘭品種的體重可達8千克，故牠們是澳紐水域的重要經濟蝦。

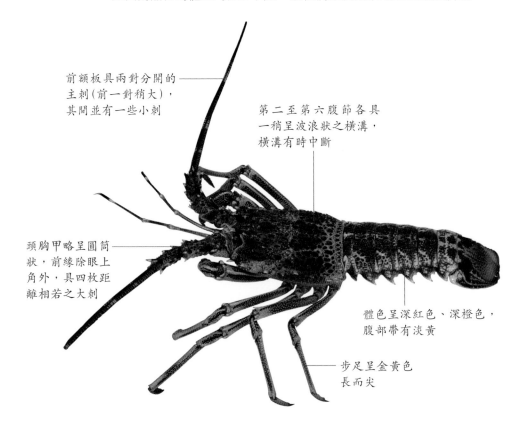

前額板具兩對分開的主刺（前一對稍大），其間並有一些小刺

第二至第六腹節各具一稍呈波浪狀之橫溝，橫溝有時中斷

頭胸甲略呈圓筒狀，前緣除眼上角外，具四枚距離相若之大刺

體色呈深紅色、深橙色，腹部帶有淡黃

步足呈金黃色長而尖

食味
肉質細嫩，滑脆略結實，味道鮮美清甜。

 烹調
刺身、上湯焗、烘焗、爆炒、油泡、白焯、清蒸、酒煮、鐵板燒

 狀況
 |

 價錢

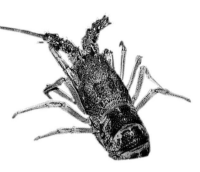

澳洲龍蝦與紐西蘭龍蝦（Jasus edwardsil）很像，食味相若。

 通識百寶箱

煮龍蝦也有時間限制？

龍蝦屬耐寒而存活於乾淨少污染的近岸海水中，壽命很長，同時牠地的成長也較慢，長一磅也要數年時間才可成長，時下流行食用的1.25~1.5磅重的龍蝦，相等於10~12歲，肉質多而爽嫩，味道鮮美，口感最佳。最佳烹調法是鹽水煮法，原汁原味，弄熟後用牛油點食，是澳紐最常吃法，亦是最能保存龍蝦的鮮味。做法是按重量烹煮，以水煮沸計算：1磅要8分鐘、1.25磅要9~10分鐘，1.5磅要11~12分鐘，1.75磅要12~13分鐘，2磅要15分鐘，2.5磅要20分鐘。蝦肉吃掉，可把甲殼放焗爐燒或炸香，再加上湯和香草熬煮1小時，便成高湯了。

漁夫教路

　　澳洲水質良好，肉質鮮嫩，爽脆富彈力，質素穩定。牠們沒有北美波士頓龍蝦般擁有一雙巨鉗，甲殼硬而肉厚碩大，一般約兩斤多的龍蝦可拆出十多兩蝦肉，相對於本地龍蝦，個頭小，肉薄而少，每隻約6~7兩重的龍蝦，只可取一兩蝦肉左右，但味道清甜而蝦味足，頗受食家歡迎。從商業角度而言，澳洲龍蝦相對質素較穩定，體大肥美，味道甜美，起肉成數高，是80~千禧年間海鮮酒家的首選。近年，因匯率上升，環境污染和濫捕令產量降低，加上當地政府規管保育，以及進口中國內地市場，香港入口量漸少，反而選用東南亞如印尼、馬來西亞、台灣和中國的細品種龍蝦，或是引入美國波士頓龍蝦入饌。

學名：*a Palinurus Cygnus (Panulirus interruptus)*

美國龍蝦（斷溝龍蝦）

英文：Rock Lobster (Califonia Lobster, Spiny Lobster)

粵音：Mi Kok Lung Ha

香港：龍蝦、紅龍蝦
中國：岩龍蝦、刺龍蝦
台灣：紅龍蝦、岩龍蝦、墨西哥龍蝦、紅腳蝦

分佈 美國加利福尼亞、墨西哥

生長條件 / 習性											
棲息/出沒：岩礁床的洞、海底											
食糧：浮游生物(幼體)，甲介類、小魚類											
水深層：1~65米											
當造期：10月~3月											
1	2	3	4	5	6	7	8	9	10	11	12

美國龍蝦屬暖水刺龍蝦，也是龍蝦種的大號，對周邊環境適應力很強，冷暖水域均可，只是水溫太冷則不適合繁殖。牠是夜行動物，晚上活動搜攝，日間休息，其天敵有隆頭魚類、八爪魚等，幸好龍蝦會利用天賦的能發聲響的觸鬚嚇退敵人，保護自身安全。5~9歲雌蝦長達65~69毫米便告性成熟；3~6歲的雄蝦比較早性成熟，待交配後雌蝦可懷高達68萬顆蝦卵，約10星期就孵化出扁平葉狀似的幼體。體長可達30厘米。

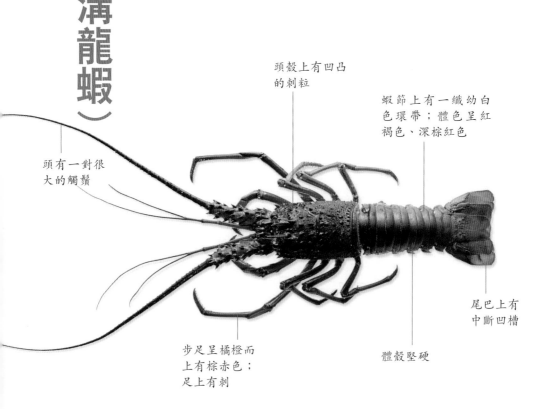

頭殼上有凹凸的刺粒

蝦節上有一纖幼白色環帶；體色呈紅褐色、深棕紅色

頭有一對很大的觸鬚

尾巴上有中斷凹槽

步足呈橘橙而上有棕赤色；足上有刺

體殼堅硬

肉質細嫩，滑脆略結實，味道鮮美清甜。

食味

 刺身、上湯焗、烘焗、爆炒、油泡、白焯、
清蒸、酒煮、鐵板燒

烹調

 狀況 |

 價錢

通識百寶箱

捕捉龍蝦有規限？

美國捕捉活龍蝦的尺碼有法律規定，從眼睛至尾部不能少於3.25吋，體重約1斤，要是不符合標準必須放回海洋，不得撈捕。漁民會把這標準龍蝦先捕捉，再轉放於沿岸小海灣和特定水域飼養，待養大或，價錢合適，推到市場售賣。有些供應商會趁低價購入，暫放養殖區飼養，並在冬季或淡季時售賣，賺取利潤。

 漁夫教路

　　全世界的龍蝦品種共有5科154種，可食用約有45種，香港市場常見品種不足10種，以入口為主，主要來自北美和澳紐，歐洲比較少，東南亞就以印尼、中國和馬來西亞為主，但無論品種和尺碼都比較嬌小。近年，龍蝦養殖業發達，產量增多，價錢平穩，貨源甚多，所以選擇也比較多了，吃龍蝦季節就以6~9月最當造。香港每年9月都有亞洲水產展覽，介紹世界各地水產，這兩年北美紅龍蝦和波士頓龍蝦更是主推貨品，價錢公道，屬大尺碼龍蝦，主推每隻1~2千克的龍蝦，以便食肆銷售。除了鮮活貨式，還有急凍貨，淨肉、蝦身（俗稱蝦尾），任君選擇。

粵名：*Homarus american*

波士頓龍蝦

英文：**Boston Lobster (American Lobster, Atlantic lobster)**

粵音：**Bo Se Ton Lung Ha**

香港：波士頓龍蝦、美國龍蝦

中國：緬茵龍蝦、波士頓龍蝦、美國龍蝦、龍蝦

台灣：緬茵龍蝦、加拿大龍蝦

 分佈　美國波士頓、加拿大、紐西蘭

生長條件 / 習性
棲息/出沒：岩石洞穴、石縫、海床
食糧：甲貝類、小魚類
水深層：50~150米
當造期：全年(7~10月)

1	2	3	4	5	6	7	8	9	10	11	12

波士頓龍蝦的習性與一般龍蝦無異，只是牠的兩個鉗子的功能有別，分碎螯和刺螯。碎螯比較粗壯，用於夾碎食物；刺螯比較鋒利用作攝捕食物。交配後，雌龍蝦會於海床上築漏斗形巢以產卵之用，每次於尾部產下5000~15000個卵，孵成幼蝦的時間可長達9~12個月。幼蝦會以浮游生物和海藻作食物，待長大了才游出深水域生活。

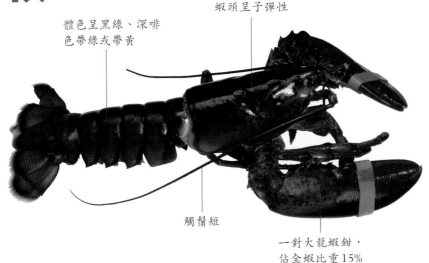

體色呈黑綠、深啡色帶綠或帶黃

蝦頭呈子彈性

觸鬚短

一對大龍蝦鉗，佔全蝦比重15%

波士頓龍蝦腹部

食味 龍蝦鉗因活動過多，肉質結實帶爽脆，食客以食鉗為主，蝦身肉較嫩滑細緻但較鬆軟，肉味柔和，蝦頭佈滿蝦膏，不要煮得太熟，否則會變"硬"不夠軟滑，可加點牛油拌吃。

烹調 清焯、凍食、蒜蓉蒸、芝士焗、鐵板燒、扒、燒、炭燒或白酒煮

狀況

價錢 $ $ $

備註

這海鰲蝦科龍鰲蝦屬美洲龍鰲蝦商品，只產於大西洋北部，因在緬因州一帶盛產以波士頓為集散地，便暱稱"波士頓"龍蝦。

甲殼類·龍蝦科 Palinuridae

波士頓龍蝦變色與基因有關係？

波士頓龍蝦由於個體基因出現缺陷，容易產生不同顏色，如藍色、白色、橙色和花斑色。以藍色蝦體為例，在2~5萬隻龍蝦中僅有一隻是藍色，這由於一種特定蛋白質產生過量，並和蝦青素分子結合，產生基因突變而令體色變藍，至於橙色個體又是另一種罕見遺傳突變。

波士頓龍蝦的生長很緩慢，平均6年長1磅，才的體重平均為0.5公斤至1公斤不等，最重可達15公斤。在美國會按龍蝦重量劃分規格，每半磅（225克）為一級別，當地稱Chicken或chix（454克），Quarters（454~681克），Selects（681~908克）和Jumbo（908克及以上），所以行家訂貨可作叫貨參考。要是掉了1隻或2隻鰲足則為culll。香港廚師最愛用12兩至1斤多的大小，其肉嫩兼賣相佳。全隻龍蝦的出成率約21~29%，活龍蝦能在4℃存離水存活36~48小時，如放在4~7℃的水中可延長和緩和牠們的壓抑。如果看到其甲殼有青苔，可能來自養殖場，至於軟甲蝦的肉質比較脍軟，不夠鮮甜，容易死亡。市面貨品有鮮活、冷凍（全隻熟蝦、半熟蝦、熟龍蝦肉和蝦鉗、生龍蝦尾）。

琵琶蝦

粵音 *Parribacus antarcticus (Parribacus japonicus)*

英文：Bay Lobster (Baylobster, Japanese Fan Lobster, Slipper Lobster)

粵音：Pei Pa Ha

香港：琵琶蝦、毛緣扇蝦
中國：扁蝦、琶琵蝦、拖鞋龍蝦
台灣：扁蝦、擬兜蝦、蝦蛄拍、蝦蛄、蝦蛄頭、蝦蛄排、海戰車

分佈　日本、韓國、台灣、中國大陸沿岸、南中國海、菲律賓、泰國

生長條件 / 習性											
棲息/出沒：淺海沙泥地、珊瑚礁											
食糧：甲貝類、軟體類											
水深層：50~150米											
當造期：11~12月											
1	2	3	4	5	6	7	8	9	10	11	12

毛緣扇蝦因為無鉗，只能利用腹尾部的收縮跳躍移動，或是緩慢在海底匍匐爬行，動作不靈活。是一種雜食動物，喜居暖水域，愛熱鬧故合群體生活。因樣子趣緻，呆笨笨，外表十分討人歡喜。它與九齒扇蝦相似，兩者分別在於側緣有11~12齒和7~8齒之分。

背部微微隆起

體色呈赤紅色、橙紅色

外殼堅硬

全身扁平

頭胸甲的前緣寬濶

眼睛位於胸甲的前方

尾部呈薄扇狀

腹部比較短小具分節

側緣鋸齒狀且具絨毛

食味 肉質結實帶嫩滑，味道鮮美濃郁，其質感和味道與龍蝦相若，但比龍蝦肉柔滑細緻。

烹調 白焯、油泡、起球炒、蒸蒜茸開邊蒸、上湯焗

狀況

價錢

通識百寶箱

毛緣扇蝦又稱團扇仔？

毛緣扇蝦是扁蝦的一種，由於牠的身形扁平和處於頭部那碟形的觸角，又叫"鏟形蝦"，台灣人對此則稱"團扇蝦"和"蝦蛄撤仔"，因為牠的頭胸甲和蝦身邊緣尖棘，橫看側觀，前端酷似團扇，後端類似梭骨，當張開時，仿似一柄扇子。

九齒扇蝦與毛緣扇蝦很相近，彼此皆稱為琵琶蝦，差別在於7~8齒與11~12齒吧！

漁夫教路

　　毛緣扇蝦的肉質鮮美，蝦身結構與龍蝦相似，蝦的性別之分從單指和孖指而分辨，雄性的第五對步足是尖銳，形如單指；雌性的第五對步足則開叉如孖指，至於牠的肉質和味道與龍蝦味道相若，甚至還比龍蝦的肉滑嫩，只是肉比較纖薄。所以有些人會把牠戲稱為「另類龍蝦」，但認真算起來則不能作為龍蝦，牠的甲殼雖硬不厚，肉質不夠豐滿，身軀笨重，仿似如一塊石頭，不把牠破開，難於入味，所以在海鮮界欠名聲，屬中下價的海鮮。

粵名：*Parrobacus antarcticus*

蟬蝦

英文：Slipper Lobster (Japanese Mitten Lobster, Sculptured Slipper Lobster)

粵音：Sim Ha

香港：琵琶蝦、豬仔蝦、雷公蝦
中國：扁蝦、琵琶蝦、南極岩蝦
台灣：豬仔蝦、蝦蛄頭、南極岩蝦、草鞋扇蝦

分佈 非洲、中國、日本、菲律賓、印尼、澳洲

生長條件 / 習性
棲息/出沒：珊瑚礁或深海岩礁
食糧：腹足類、甲貝類
水深層：10~75米
當造期：4月~8月

1	2	3	4	5	6	7	8	9	10	11	12

蟬蝦產於西大西洋水域，與一般琵琶蝦一樣，有硬殼但無鉗，游泳力低，只能利用腹節或尾部收縮移動兼跳躍，愛夜間活動。遇敵時，也只能以尾部收接遠離敵人。身形笨重，看以累累贅贅，但肉味鮮甜，比東方扁蝦和毛緣扇蝦的肉厚。一般長度為12~15厘米，最長可達20厘米。

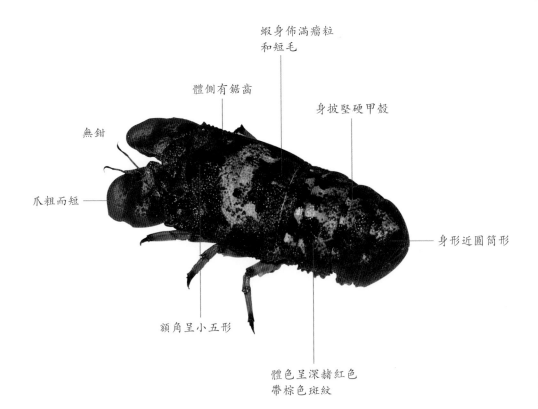

蝦身佈滿瘤粒和短毛

體側有鋸齒

身披堅硬甲殼

無鉗

爪粗而短

身形近圓筒形

額角呈小五形

體色呈深赭紅色帶棕色斑紋

食味 肉質結實帶嫩滑，味道鮮美濃郁，其質感和味道與龍蝦相若，但比龍蝦肉柔滑細緻。

 烹調 白焯、油泡、起球炒、蒸蒜茸開邊蒸、上湯焗

 狀況 |

 價錢

蟬蝦俗名多

蟬蝦的樣子肥嘟嘟，身形圓筒，十分趣緻，被暱稱為「豬仔蝦」。牠也因為蝦身如桶渾圓，體色呈赭紅色，蝦頭觸角未分開，有點像日本人的草鞋，蝦尾呈扇形，故又被稱為「草鞋扇蝦」。

蟬蝦，又稱海戰車，標準體長約20厘米，最大體可達40厘米，是台灣龍蝦漁業的次要漁獲，產量不多，一般由潛水捕捉、間中用底刺網或拖網捕獲，肉質味美可媲美龍蝦，只是肉比較小，身價愈見提升。

粵名：東方扁蝦 *Thenus orientalis (Scyllarides latus)*

東方扁蝦

英文： Oriental Flathead Lobster
粵音： Tung Fong Bin Ha

香港：琵琶蝦、東方扁蝦
中國：琵琶蝦、東方扁蝦
台灣：蝦蛄、琵琶蝦

分佈：中國、非洲、澳洲、日本、印度、菲律賓

生長條件 / 習性
棲息/出沒：沙泥底質
食糧：軟體類、甲貝類
水深層：4~100米
當造期：3月~10月(3月~4月)

1	2	3	4	5	6	7	8	9	10	11	12

東方扁蝦以野生為主，夜間活動，喜群體生活，可數隻蝦共處一居室，遇到狩獵者，沒有大鉗對抗，只利用腹節跳躍移動，或用尾部的彈跳閃避敵人。一般長度有12厘米，但很難生長到30厘米，不過曾有發現牠能長到45厘米。

眼窩上有緣各具3棘；前側角向上翻

體色呈深褐色、灰褐色；外殼堅硬

表面粗糙帶有小瘤；全身扁平並呈梯形

背部的中央脊起微隆

食味 肉質結實帶嫩滑，味道鮮美濃郁，其質感和味道與龍蝦相若，但比龍蝦肉柔滑細緻。

 烹調 白焯、油泡、起球炒、蒸蒜茸開邊蒸、上湯焗

 狀況 |

 價錢

琵琶蝦的解剖圖

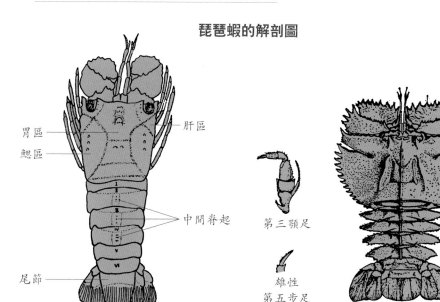

胃區
鰓區
肝區
中間脊起
第三顎足
雄性
第五步足
尾節

漁夫學堂

　　東方扁蝦俗稱琵琶蝦，乃因牠的腹部，在每一行軟肢之間的距離，紋理凸出，形成格狀，與中國樂器的琵琶的品位相似，因而得名。

東方扁蝦的色澤作灰褐色或深褐色，可能是牠們的甲殼比較硬，生命力強，特別是腹部軟肢非常活躍，拿在手裏時其尾節極易捲曲，繼而彈起，置於水中時，不時活躍度很強，並以其尾部向前捲曲，並作反方向游泳，從後方彈得老遠，所以消費者路經魚檔的水盤時，很多時會被其跳躍時濺出水花弄濕一身。再者，扁蝦的身體很薄，外殼又厚硬，除去甲殼後能得出的蝦肉只有30%，因為其肉味與龍蝦很像，有些西廚會把牠白焯取肉，充作龍蝦肉做頭盤或三文治。

粵名：*Charybdis feriatus*

紅蟹 / 紅花蟹

英文：Red Crab (Coral Crab)
粵音：Hung Hi / Hung Fa Hi

香港：紅蟹、十字蟹、花蟹
中國：紅蟹、花蟹
台灣：銹斑蟳、花市仔、花蟳、火燒公

分佈　中國、台灣、香港、日本、澳洲印度、坦桑尼亞、非洲、南非、馬達加斯加

生長條件 / 習性
棲息/出沒：岩礁海岸、珊瑚礁盤、沙泥底質海域
食糧：弱小甲貝類、魚類和碎屑
水深層：10~30米
當造期：2~3月（中國）、8~11月（香港）

1	2	3	4	5	6	7	8	9	10	11	12

紅花蟹屬肉食性動物，晚上活動，日間歇息，愛橫行，擅用步足和泳足走路和逃避敵人，一雙大鉗子殺敵攝食，十分厲害。牠的體色艷麗帶有深色花紋，腹部潔白，細看蟹奄能辨雌雄。雌性蟹的甲殼一般長為為11厘米；雄性則是12厘米。

棲息於沿岸表層至6米深的水域，常在巖石隙中，性喜陰暗。貝殼較平，螺塔部始於體，約有6~9個孔，適溫度20℃~28℃，特點是生長較快、個體大、品質也較優良。

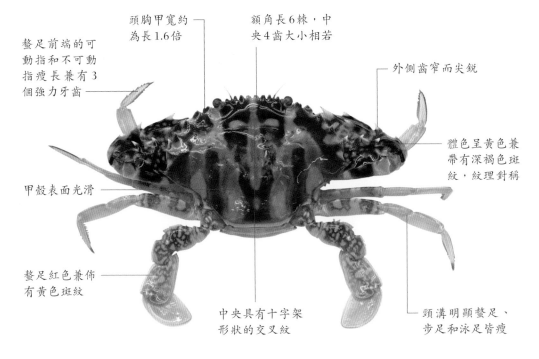

頭胸甲寬約為長1.6倍

額角長6棘，中央4齒大小相若

螯足前端的可動指和不可動指瘦長兼有3個強力牙齒

外側齒窄而尖銳

體色呈黃色兼帶有深褐色斑紋，紋理對稱

甲殼表面光滑

螯足紅色兼佈有黃色斑紋

中央具有十字架形狀的交叉紋

頸溝明顯螯足、步足和泳足皆瘦

一梳梳似的蟹肉，質地潔白帶鹹味，結實豐厚，蟹味香濃鮮甜，膏為結粒狀呈鮮橙色，量不多，散發淡淡獨特海水鮮味。

烹調
白焯、清蒸、爆炒、凍蟹、拆蟹肉、梅子蒸蟹、蛋白蒸蟹

狀況

價錢

雄蟹，蟹身的顏色比較淡。

雌蟹，蟹身的顏色比較深，紋理比較明顯。

甲殼類・梭子蟹科 Portunidae

通識百寶箱

為何不要吃蟹的五臟？

蟹生長在江河湖泊，以浮游生物、水草及腐肉為食物，故蟹體、鰓和胃腸道均沾滿細菌或致病微生物，不建議採用生吃、醃吃和醉吃法，因容易感染肺吸蟲病的慢性寄生蟲病，這些肺吸蟲幼蟲囊蚴感染率和感染度很高，並會寄生在肺內以刺激或破壞肺組織，引起咳嗽或侵入腦部而引起癲癇。蟹加熱後感染肺吸蟲為20%，醃或醉蟹的染率高達55%，生吃的感染率高達71%。肺吸蟲囊蚴的抵抗力很強，一般要在55℃的水中泡30分鐘或20%鹽水中醃48小時才能殺死。生吃還有可能感染副溶血性弧菌而中毒，引發腸道發炎、水腫及充血等症狀，所以最少煮20分鐘至熟煮，吃時必須除盡蟹鰓、蟹心、蟹胃、蟹腸四樣物質，這四樣東西含有細菌、病毒、污泥等。

漁夫教路

挑選肥美味鮮的蟹，先按壓蟹腳，分辨肉質的結實度，再觀察牠是否活潑生猛，並確定牠是硬殼還是軟殼，蟹在脫殼前後直接影響蟹肉結實度。

吃肉蟹，用大拇指輕按蟹臍頂端腹殼的軟硬，或者是捏一捏蟹腳指節的軟硬，結實不下陷是肉蟹，要是蟹腳軟有點腍，不是將死就是水蟹了。此外，體積相若的蟹，以較重手者較佳，表示肉質比較結實肥美，反之，多半是空殼，即是水蟹。

藍蟹 / 藍花蟹

粵音 Portunus pelagicus

英文：Blue Crab

粵音：Nam Hi / Nam Fa Hi

香港：藍蟹、藍花蟹、花蟹

中國：遠海梭子蟹、截仔、花市仔、花蟹

台灣：藍花蟳、遠海梭子蟹、市仔、花腳市
仔、沙蟹、截仔

分佈：中國、台灣、香港、日本、菲律賓、澳洲、
泰國、馬來西亞、非洲、澎湖

生長條件 / 習性											
棲息/出沒：沙質、泥質的海底岩礁											
食糧：弱小甲貝類、魚類和碎屑											
水深層：10~30米											
當造期：全年(9月~10月)											
1	2	3	4	5	6	7	8	9	10	11	12

藍花蟹屬溫帶或熱帶的動物，牠能利用最後一對寬扁步足作泳足，其形仿似穿上蛙鞋般利於撥水，有些體長3或4厘米的梭仔蟹，其泳速度可達每秒1米。蟹的性成熟為1年，雄性生殖孔位於第四步足底節，雌性生殖孔則是第八胸節。交配期到了，牠們會洄游到沿岸區交配產卵。幼蟹亦會在此地生活，漁民會來此採捕帶回養殖場養殖。

棲息於沿岸表層至6米深的水域，常在巖石隙中，性喜陰暗。貝殼較平，螺塔部始於體，約有6~9個孔，適溫度20~28℃，特點是生長較快、個體大、品質也較優良。

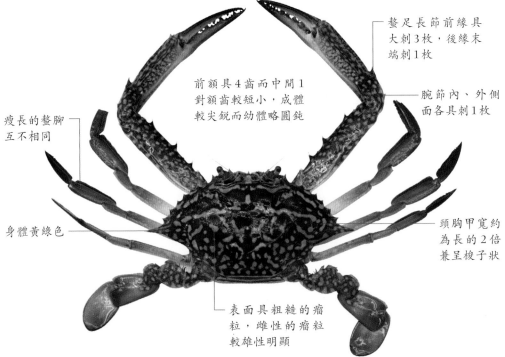

前額具4齒而中間1
對額齒較短小，成體
較尖銳而幼體略圓鈍

螯足長節前緣具
大刺3枚，後緣末
端刺1枚

瘦長的螯腳
互不相同

腕節內、外側
面各具刺1枚

身體黃綠色

頭胸甲寬約
為長的2倍
兼呈梭子狀

表面具粗糙的瘤
粒，雌性的瘤粒
較雄性明顯

肉質潔白帶淡藍，軟滑細較花蟹鬆軟但質地細緻，含水份，味道鮮甜，肉味較紅花蟹稍淡，不失風味，含海水味道帶點微鹹。

食味

白焯、清蒸、爆炒、凍蟹、拆蟹肉、梅子蒸蟹、蛋白蒸蟹

烹調

狀況

價錢

備註

1. 雄蟹甲殼呈藍紫色，牠的螯足的可動指、不可動指和各步足皆的前節、指節呈深藍色，其餘部位佈滿淺藍或白色斑駁。

2. 雌蟹背甲和步足皆呈為深綠色，後部節佈有黃棕色斑駁，螯足前節腹面淡橙色、延伸至可動指和不可動指基部，二指前端為深紅色，步腳前節和指節呈淡橙色。

通識百寶箱

蒸蟹不掉蟹爪有妙法？

西廚炆蟹，往往會把蟹先放冰箱雪死才炆煮或清蒸，防止蟹爪掉下，出現甩爪狀況。中廚就會直接用筷子插入蟹肚，令其死亡。梭子蟹就可以採用這法處理，因為牠們的反應比較遲鈍，游動時不會太快，又不擅用鉗子傷敵，故只需用竹籤等尖銳硬物，向肩膊間的虛位處刺下，直搗心臟地帶，蟹隻會從掙扎、靜止至死亡於一瞬間，避免蟹爪脫落，保持美觀。要是直接把蟹上籠蒸，蟹受熱會爭扎而令蟹爪從關節盡鬆脫，令蟹爪掉下，影響到賣相。

漁夫教路

　　懂得吃蟹的人，深知不同時段揀選吃，暮春時份。多吃奄仔蟹，踏入6月就選吃重皮蟹或黃油蟹，膏脂肥美，淡黃略稀瀉，甘香可口；10月時吃膏蟹（雌蟹），肉質不怎樣，但膏脂肥美結實，啖之如吃鹹蛋黃，甘香可口又鬆化；11月吃肉蟹，即雄蟹，蟹肉結實清甜，膏脂澄黃不結實。

白蟹

粵音：Porrunus trituberculatus

英文：Swimming Crab
粵音：Pak Hi

香港：三疣梭子蟹、白蟹、蟳蚌、白花蟹
中國：三疣梭子蟹、梭子蟹、槍蟹、海蟹
台灣：三疣梭子蟹、梭子蟹

| 分佈 | 中國、香港、日本、韓國、菲律賓、馬來西亞、南非 |

生長條件 / 習性											
棲息/出沒：砂泥質或砂質海底											
食糧：弱小甲貝類、魚類和碎屑、浮游生物											
水深層：7~100米											
當造期：3~5月，9~10月											
1	2	3	4	5	6	7	8	9	10	11	12

白蟹屬暖溫性的梭子蟹類，擅游泳，性格兇猛，好爭鬥，繁殖力強，亦是這群族產量最大，牠們怕見強光，故白天多潛伏在海底，夜間出動攝食。當環境不適應或脫殼不遂時，牠們會自切步足的情況，但其步足切斷後能再生。幼蟹至成熟期需時約3年。

棲息於沿岸表層至6米深的水域，常在巖石隙中，性喜陰暗。貝殼較平，螺塔部始於體，約有6~9個孔，適溫度20~28℃，特點是生長較快、個體大、品質也較優良。

兩前側緣各具9個鋸齒，第9鋸齒特別長大，向左右伸延

頭胸甲寬大；頭胸甲表面覆蓋有細小顆粒兼呈梭子形

背部和步足呈鮮藍色兼佈白色斑紋；頭胸甲為茶綠色

螯足大部分為紫紅色帶白色斑點

步足長大，第四對步足扁平似槳是泳足

白蟹腹部

食味 肉色白中帶灰，肉質豐厚，但牠比花蟹粗糙而鬆疏，水份多，口感較清淡爽口。

烹調 白焯、清蒸、拆肉、豉汁炒、薑葱焗

 狀況

 價錢

備註
1. 雄性臍尖而光滑，螯長大，殼面帶青色；雌性臍圓有絨毛，殼面呈赭色或紫色。
2. 甲殼中央有三個疣狀突起，故稱 "三疣梭子蟹"。

甲殼類・梭子蟹科
Portunidae

通識百寶箱

吃同種蟹也有蟹季之分？

白蟹主要產地是中國，在福建沿海生產旺季為3~4月和11~12月，但渤海灣遼東半島則為4~5月至初冬，產量較多。隨水溫不同，交配季節也由南向北，除成熟蟹交配外，尚未完全發育成熟的雌體有時也可接受交配。每年的4~5月之間，雌蟹洄遊集於近岸淺海港灣或河口附近繁殖，產出的受精卵抱在腹部的腹肢上，每隻雌蟹繁殖季節能產2~3次卵，由數十萬至二百萬粒不等，剛產出的卵為黃色，待2週後變為黑褐色，孵化為溞狀幼體，並浮遊於水中生活，蛻皮至第5期後進入幼體期，再經1次蛻皮即成為幼蟹，由小至大約經過20多次蛻殼，每脫一次殼便長大一次，換殼期間甲殼很軟，全身膏脂結集一起，又稱重皮蟹，一般壽命約3年。瞭解牠們的生長週期，就懂得何時屬最佳享用期。

漁夫教路

　　秋天吃殼青綠，具青白色斑點，蟹爪呈深褐紅色的白蟹最好，肥狀碩大，這時宜選雄蟹，肉質潔白微帶淺灰，豐厚結實，鮮甜帶有一股海水鹹味，藏於蟹身，味道濃郁，拆肉最好，只是蟹螯比較細小，但雌蟹的膏脂仍未長出，不夠肥美甘香。入冬後，雌蟹會有金澄橙黃色的膏脂，不韌卻香濃而帶少少綿軟。在燈光照耀下，黑影現出空隙，那是膏質並不怎樣豐滿的花膏，蟹黃少而偶有白色或灰綠的蟹膏，就是 "花膏"，要是燈光下空洞無物，呈現透明狀，就是水蟹，雖無肉可口，但勝在味鮮甜，可作蟹粥或煮湯。

粵名：*Portunus sanguinolentus*

三點蟹

英文：Red-spotted Swimming Crab
粵音：Sam Tim Hi

香港：紅星梭子蟹、三點蟹
中國：紅星梭子蟹、三點蟹、三眼蟹、海蟹
台灣：紅星梭子蟹、紅點泳蟹、三點蟹、三點
　　　市仔、三目公仔

分佈	日本、夏威夷、菲律賓、澳洲、紐西蘭、馬來西亞、印度、中國、台灣

生長條件 / 習性											
棲息/出沒：沿岸近海沙泥底、岩礁											
食糧：弱小甲貝類、魚類和碎屑、浮游生物											
水深層：10~30米											
當造期：9~12月											
1	2	3	4	5	6	7	8	9	10	11	12

　　三點蟹屬暖性動物的中型蟹，也是梭子蟹的一種，日間休息而晚間活動，盛產期位於秋冬兩季，所以這時特別肥美。冬末春初後成熟蟹交配，蟹卵變為幼蟹出生，這時的蟹身比較細小，待牠們蛻殼成長變為成熟蟹，也要2~3年。

　　棲息於沿岸表層至6米深的水域，常在巖石隙中，性喜陰暗。貝殼較平，螺塔部始於體，約有6~9個孔，適溫度20~28℃，特點是生長較快、個體大、品質也較優良。

前額分4齒，成體刺狀，幼體較鈍，側齒比中央齒大，但不較突出；

前側緣具9齒，第一齒比隨後的7齒長而銳，而末齒最大，向兩側突出

頭胸甲梭狀，寬約為長的2倍；頭胸甲殼表面有微細的顆粒但後部光滑；體色呈灰綠或深綠色

後步腳表面具軟毛，後部表面光滑無刺

食味

肉少味鮮甜，蟹味淡中帶香，帶有濃厚鹹香的海水味，肉質有點結實中帶鬆的口感，粗糙中帶滑，水份略重，特別是當造時，蟹肉外有一層薄薄油香。

烹調

白焯、薑葱炒、凍蟹、爆炒、豉汁蒸

狀況

價錢

通識百寶箱

看蟹奄(腹臍)揀蟹能作準嗎？

一般情況下，蟹是異性體，雄蟹和雌蟹對蟹痴很重要，前者吃肉，蟹膏有白有淡黃，也有灰綠，那就要看蟹種類了；後者吃膏，味道也有分別，海蟹的膏比泥蟹的膏淺色，味道和質感也有分別，在交配抱卵的季節，蟹黃更是高低立見。再者雌蟹的肉質不肥美因用作抱卵孵蟹的營養，但處女蟹另作別論。揀雌雄也有守則可遵循。圓臍是雌蟹（母蟹），尖臍是雄蟹（公蟹），看見半尖半圓臍的不是陰陽蟹，只是圓臍在發育的未交配雌蟹（處女蟹）！這蟹的蟹膏(蟹黃)不多。"抱黃蟹"多為標準圓臍，寬大圓臍者則是"排卵蟹"，蟹肉多被掏空而水份多，蟹卵多而重但味道很差，食用價值低。

漁夫教路

　　三點蟹是梭子蟹種最易辨認的鹹水蟹一種，蟹殼比較軟，但兩旁有尖棘，取蟹時容易刺傷，牠的肉很少，不夠結實卻有點像水蟹，食味卻異常鮮甜，偶然也帶有點泥沙，肉質粗中帶嫩，離水後容易缺氧，生命力大打折扣，靈活度大減，出現"慢爪"現像，這由於牠們在原產地運抵時，經長期運輸而渴水飲食，僵直時間過久所致，容易變質或死亡。吃這蟹最宜吃雌蟹，貪牠有膏脂，雄蟹就沒有了。

海石蟹／青蟹

粵名：*Scylla serrata (Scylla paramamosain)*

英文： Mud Crab (Mangrove Crab)
粵音： Ho Shek Hi / Ching Hi

香港：海蟹、青蟹、肉蟹
中國：鋸緣青蟹、蝤蛑、蝤蛦、青蟹、黃甲蟹
台灣：紅樹林蟳、鋸緣青蟳、紅蟳（抱卵的雌蟹）、沙蟳、花腳

分佈	日本、琉球、中國、台灣、東南亞、印度、東非、南非、澳洲

生長條件／習性
棲息／出沒：河口、內灣、紅樹林、溫暖而鹽度較低的淺海
食糧：弱小甲殼類、軟體動物、魚類與碎屑
水深層：0~50米
當造期：8~10月（農曆七至九月肥美）

1	2	3	4	5	6	7	8	9	10	11	12

青蟹屬於暖溫性的體型最大的梭子蟹，夜間活動而日間休息的動物。每逢5~7月開始交配，一般發生在雌蟹剛脫殼、身體柔軟時進行，此時雄蟹會以步足環抱雌蟹加以保護。每隻雌蟹可生產約1百萬至8百萬顆蟹卵，其產卵數目與蟹體成正比。抱卵季節也會在集中在春秋兩季，惟目養殖蟹農多配合秋天的抱卵季節。一般甲殼為10~16厘米，最寬可達28厘米，重3公斤。

棲息於沿岸表層至6米深的水域，常在巖石隙中，性喜陰暗。貝殼較平，螺塔部始於體，約有6~9個孔，適溫度20~28℃，特點是生長較快、個體大、品質也較優良。

前側緣含眼窩外齒共有9個等大三角形齒；前額有4個等大三角形齒

背甲隆起兼光滑，表面呈現"H"形凹痕

體色呈青綠色；甲殼呈橫橢圓形

螯足與泳足有明顯的深綠色網狀花紋；螯足和步足呈綠黃色

第四步足扁平特化成槳狀的泳足

食味　肉結實豐厚，爽脆嫩滑，肉味很濃，味道可口鮮甜帶海水鹹味，硬殼。

烹調　薑葱炒、蒸蟹缽、薑酒煮、三杯蟹、炒年糕、蒸糯米飯

狀況

價錢

備註

直正野生海青蟹很少，漁民認為牠有滋補作用，可用大量薑酒煮吃，有補身滋陰妙效云云。

青膏蟹：又名擬穴青蟳(S. parama-mosain / green mud crab)。背甲淡青綠色，台灣稱"粉蟳或白蟳。個子較小，蟹膏澄黃且飽滿，入口比較硬實，不夠鬆化，以吃抱黃為主。90年代的膏蟹，蟹膏的顏色比較淺，但味道甘香可口，入口鬆化不見硬實，味如蒸熟了的鹹蛋黃，滋味無窮。

蟹的性別和發育階段不同，稱呼也有別？

青蟹與特蘭奎巴青蟹俱屬於體型巨大！英文名為巨泥蟹(giant mud crab)；東南亞、南亞地區特稱此蟹為「斯里蘭卡蟹」(Sri Lanka crab)，但因牠們愛吃腐肉，肉厚蟹味甜，但要是不是來自深海，往往蟹體有泥味或肉臭異味，很不討喜。

　　分辨野生螃蟹和養殖螃蟹的方法很簡單，以紅蟳來説，養殖蟳由於放養在泥塘裏，甲殼肢腳縫間不免會有附泥現象，這跟外殼清潔的野生蟹最易分辨。養殖蟹的肉質不比野生好，味道帶點腥臭，偶有泥味，但對愛吃蟹膏的人倒是佳音。漁販賣青蟹時，可從綑綁蟹腳的材料判別，用椰子纖維綁的來自南洋，用草繩或鹹水草綁的則來自中國，用塑膠繩或浸水粗布條則來自台灣，至於用尼龍繩綁的而個子嬌小，蟹肚很污穢不堪，來自泰國或菲律賓。香港的青蟹用草很少，比較清潔乾淨，但產量不多。斯里蘭卡的青蟹很大，殼很硬，蟹身重而腹部呈鐵銹的棕色，肉質堅實，但腥味很重，不夠清甜，這些帶腥味或泥味的蟹，可能不是來自深海，反而是在泥田汕澗捉到。

石蟹

學名 *Charybdis lucifera*

英文：Stone Crab

粵音：Shek Hi

香港：石蟹
中國：晶瑩蟳
台灣：晶瑩蟳、石蟳仔

| 分佈 | 中國、香港、台灣、日本、泰國、馬來西亞、印尼、斯里蘭卡、印度、澳洲 |

生長條件 / 習性
棲息/出沒：沙泥或岩礁區海底
食糧：弱小甲殼類、軟體動物、魚類與碎屑
水深層：5~100米
當造期：全年

1	2	3	4	5	6	7	8	9	10	11	12

石蟹為日行性動物，白天活動而晚上棲息於石礫或淺海，擅長游泳，遇敵人會快速游開，棲息於沿岸表層至6米深的水域，常在巖石隙中，性喜陰暗。貝殼較平，螺塔部始於體，約有6~9個孔，適溫度20~28℃，特點是生長較快、個體大、品質也較優良。

前側緣具6齒，第一至第五齒逐漸增大，末齒最小，呈刺狀

頭胸甲光裸無毛，但有細微顆粒及橫向行隆線；頭胸甲紫色，腹面白色

額具6齒，中央4齒大小相近，外側齒窄而尖銳

頭胸甲後部有4個淡黃色橢圓形斑點

螯腳不等稱，長節的前緣具3棘；螯腳表面棘及前側緣齒尖端棕紅色

食味

外表粗獷又粗糙，甲殼又硬又厚，前胸密布超短毛，鮮味強勁又明顯。

烹調

白焙、清蒸

狀況

價錢

蟹的解剖圖

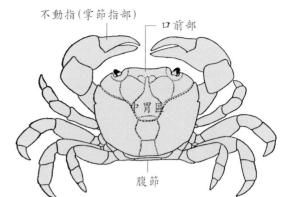

不動指(掌節指部)　口前部

中胃區

腹節

將死或死蟹不能吃？

垂死或已死的蟹不要吃，蟹體內的組氧酸會分解產生組胺。組胺為一種有毒的物質，隨着死亡時間延長，蟹體積累的組胺愈來愈多，毒素也愈來愈大，即使蟹煮熟了，這種毒素也不易被破壞，吃進肚子也是害無益。漁民往往深信只要是海蟹，死掉了仍可吃，其實不是，除了蟹因低溫死亡或是將死前已急凍處理外，蟹變腐都不建議享用。

漁夫教路

石蟳 / 善泳蟳（charybdis natator）（Swimming Crab）── 外觀粗獷，掌部背面具有四根鈍棘，腹面具有橫行排列的鱗狀顆粒，中央具一個縱溝。螯足粗大而不對稱，表面密佈粗大顆粒和短軟毛，泳足的前節後緣為鋸齒狀。體色為紅棕色，佈滿棕色的軟短毛，腹面顏色為米黃色，螯足的指端顏色較暗。

台灣單鉗石蟹

奄仔蟹

學名 *Scylla serrata (Cancer serratus)*

英文：**Young Mud Crab**
粵音：**Yim Chai Hi**

香港：奄仔蟹、蟹仔
中國：鋸緣青蟳、奄仔蟹
台灣：鋸緣青蟳、菜蟳

分佈 日本、琉球、中國、台灣、東南亞、印度、東非、南非、澳洲

生長條件 / 習性
棲息/出沒：河口、內灣、紅樹林、溫暖而鹽度較低的淺海
食糧：弱小甲殼類、軟體動物、魚類與碎屑
水深層：0~50米
當造期：全年

1	2	3	4	5	6	7	8	9	10	11	12

奄仔蟹是鋸緣梭子蟹的幼蟹，未成熟的雄蟹，每年經過最少四次脫殼而成長變大。牠們都是日間休息而晚間活動的動物，生性活潑，反應很快，螯足纖細帶尖銳，適合捕攝食物。

棲息於沿岸表層至6米深的水域，常在巖石隙中，性喜陰暗。貝殼較平，螺塔部始於體，約有6~9個孔，適溫度20~28℃，特點是生長較快、個體大、品質也較優良。

螯足腕節外側面末半部具有兩枚明顯的刺

額緣齒高而呈銳齒形

兩性的螯足及步足具多邊形網紋

頭胸甲前側緣齒窄，各齒外緣直或稍內凹

各齒邊緣略內凹，間隙圓形

肢體和蟹足纖細

末端呈圓鈍

蟹身飽滿潔淨含光澤

食味

蟹膏是鮮黃色，香味濃郁鮮美而沒有腥味，肥美豐腴嫩滑，肉膏同吃，肉質清爽，非常可口。

烹調

清蒸、雞油或鹽焗、油炸、爆炒（烹煮時切忌開刀，膏脂會遇熱流失，喪失風味

狀況

價錢

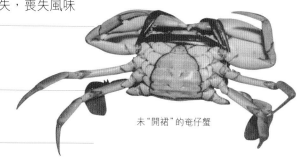

未"開裙"的奄仔蟹

通識百寶箱

奄仔蟹與重皮蟹的親密關係？

軟殼蟹是蟹蛻殼或皮長大的過程，蟹的外面的硬殼變軟，內裏蟹殼未成，行內稱殼者皮也，故又種"重皮蟹"，這是甲貝類新陳代謝的現象。每次脫殼前必須儲足養份，體內多膏肥美，那些未發育完成的軟殼，十分爽脆嫩滑，味道豐厚，入口滿佈滋味，人間極品。重皮蟹雌雄俱備，只是膏質和顏色有異，但頂級的重皮蟹為"黑奄圓臍"，"墮手"帶重為佳，因為牠在未成重皮蟹之前，肉質豐腴，當準備蛻殼時，殼內同樣肥美多膏，更有"黃油奄仔蟹"的美譽。雄性的尖臍奄仔蟹，就有"硬骨仔"和"水花"，也是極品，蟹膏淡白帶黃，吃法與雌蟹有別。

漁夫教路

　　雄蟹或未交配過的雌蟹均稱為"菜蟹"，台灣人稱為"菜蟳"，也稱為奄仔蟹，因肉小身細，嚼頭小，價格不高。交配多次的雄蟹為"騷公"，腹面有"火燒紋"的痕跡，外強中乾、肉質疏鬆、味道很差。未交配的雌蟹台灣稱"幼母"、"烏幼母"或"伊阿"，即所謂的"處女蟳或蟹"，港人稱為"奄仔蟹"肉質結實爽脆且甘甜細嫩；交配後雌蟹稱為"空母"，一個月後，卵巢成熟飽滿由白色變為橙紅色，此時才是"青蟹或紅蟳"，價格最高。腹部抱卵的雌蟹稱為"攤花"，精華盡出，肉質疏鬆，味道很差，肉粗味淡。因此台灣民間有"春蟳、冬毛蟹"與"七蟳、八虫截、九毛蟹、十毛蜞"的俗諺，描述其脂膏肥美的時節，懂得箇中原委，才可享受極品美味。

太平洋黃金蟹

英文：Dungeness Crab (Pacific Edible Crab, San Francisco Crab)

粵音：Tai Ping Yeung Wong Kam Hi

香港：加拿大黃金蟹、BC蟹、太平洋黃金蟹、太平洋大蟹

中國：唐金蟹、首長黃道蟹、鄧條內斯蟹

台灣：鄧金斯螃蟹、唐金蟹、黃金蟹、鄧津蟹

分佈 美國、加拿大、阿拉斯加

生長條件 / 習性
棲息/出沒：海灣、港灣、近海岸
食糧：甲貝類、小魚類
水深層：50~150米
當造期：5~11月（加拿大），11~4月（美國）（9~10月最當造）

1	2	3	4	5	6	7	8	9	10	11	12

黃金蟹是北美的蟹種，由於甲殼堅硬，第一年會蛻殼次，第二年需再換殼6次才告成熟。牠是雜性動物，如遇食物不足會吃食腐肉或自相殘殺，遇天敵章魚、大型魚和海獺會躲於沙中。到了春季和夏初的交配季節，雌蟹會以尿液吸引雄蟹，然後相抱天交配，數月後雌蟹會攜50~200萬顆受精卵排卵於腹部，待3~5個月並孵化為小蟹，幼蟹會用2年時間並經歷約十數次蛻殼為成熟蟹。

棲息於沿岸表層至6米深的水域，常在巖石隙中，性喜陰暗。貝殼較平，螺塔部始於體，約有6~9個孔，適溫度20~28℃，特點是生長較快、個體大、品質也較優良。

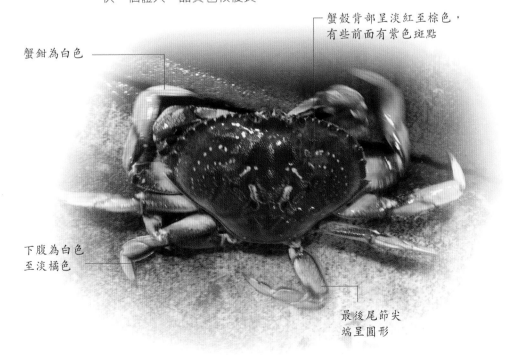

蟹殼背部呈淡紅至棕色，有些前面有紫色斑點

蟹鉗為白色

下腹為白色至淡橘色

最後尾節尖端呈圓形

食味 肉質細嫩、蟹肉豐厚，味道鮮美，帶有淡淡堅果香味，身體部位肉質滑嫩，腳肉較為結實。

烹調 白焓、煎、炸、蒸、煮、拆肉

狀況

價錢

備註
雄蟹一季會與數雌蟹交配。

檔主手舉黃金蟹，十分巨型，
與人臉相若。

通識百寶箱

捕蟹尺碼有規定不可亂捕？

美國規定商業捕蟹僅限於尺寸6.25吋（15.9厘米）或更大的雄蟹。雌蟹需立即釋放，確保蟹一年至少有一次繁殖季，讓生態得以延續和保存蟹資源。捕蟹季通常開始於12月1日，當蟹殼長硬，這表示殼內的肌肉已經長好變結實，變大變成熟，讓蟹能得到成長。每到捕撈季開始前會有測試，確定螃蟹平均至少有25%的蟹肉含量，但蟹肉含量一般由13~30%不等，取決於蛻皮及繁殖時間和環境因素，如食物和海洋生態環境條件下的外圍因素等，令蟹能繼續繁衍生存，不至耗盡。此蟹全年都可在加拿大海域捕獲，尤以五月至十月為量產。

漁夫絮語

　　黃金蟹在北美很流行，雖然加拿大、美國華盛頓、阿拉斯加均有出產，但以阿拉斯加的品質最好，華盛頓為次。這蟹含有Omega-3，含鹽份和微量膽固醇，市場上以鮮活、新鮮和冷凍出售，形式是足鉗分開、斬件售賣，以重量劃分等級，每隻平均6~10磅。加拿大的貨品就以鮮活、煮熟冷凍（原隻、半隻、蟹肉），尺碼略小，只有1.4~1.6磅。這是可持續而生的海產。簡括而言，蟹體由500~1500克不等；蟹肉的出成率，鮮活至熟蟹件約52%，純熟蟹肉約24%，至於熟蟹件約46%。

松葉蟹

粵名 *Chionoecetes opilio*

英文：Spider Crab (Queen Crab, Snow Crab)

粵音：Chung Yip Hi

香港：松葉蟹、雪場蟹、鱈蟹
中國：松葉蟹、雪場蟹
台灣：松葉蟹、雪場蟹

分佈 美國、加拿大、日本、韓國

生長條件 / 習性											
棲息/出沒：濕地、泥地											
食糧：甲貝類、小魚類											
水深層：200~600米											
當造期：11月~3月											
1	2	3	4	5	6	7	8	9	10	11	12

松葉蟹愛活於約3℃的冷水，愛吃肉的動物，擅於在泥地挖洞攝食或逃避敵人，故蟹足呈尖銳修長，方便挖地躲藏或逃走，當蛻殼時最易受襲擊。進入2~3月是交配期，雄性的成熟松葉蟹會與對手打架，勝者才能贏得雌蟹的垂稱進行交配，所以雄蟹往往會因此而掉命。在此期間，雌蟹亦踏入成熟期的最後一次脫殼，雄蟹亦會於這時協助雌蟹完成脫殼過程，予以保護，脫殼完成才能開始傳宗接代。

棲息於沿岸表層至6米深的水域，常在巖石隙中，性喜陰暗。貝殼較平，螺塔部始於體，約有6~9個孔，適溫度20~28℃，特點是生長較快、個體大、品質也較優良。

1對螯鉗

甲殼呈三角狀具顆粒

4對纖瘦管狀而前端尖長的蟹足

蟹腹是白色

體色由泥棕色至鮮紅色

中央位置凹凸不平

食味

蟹肉綿密緊實，豐厚含水份，一梳梳的潔白蟹肉，嫩滑細緻，容易拆下，淡中帶鮮甜，微鹹，雌蟹比雄蟹的蟹肉少。

烹調

白焯、清蒸、凍蟹、拆肉、沙律、火鍋、刺身（日本人和韓國人）

狀況

價錢

備註

松葉蟹英文稱為Queen Crab，乃相對於皇帝蟹而取名。牠的別名稱為鱈蟹，乃由於其肉白皙，色如白雪，因而得名。

漁夫教你

早在1960年，加拿大東岸已開始捕捉松葉蟹，隨着蟹的數目降低而於1990年暫停水底採捕，雖然這蟹的商業價值高，但市場浮動，加上當地政府為了維持持續發展海資源，只準捕捉雄蟹，至於尺碼過少或在換殼的期間，禁此捕捉，以及立例限制下蟹籠的數目。阿拉斯加鑑於天氣反常和蟹的死亡率提高，考慮實施限額捕捉，以保存蟹的數目，蟹的尺碼不能少於7.9厘米，讓牠們能完全成熟方可捕捉。至於日本捕捉松葉蟹已有數世紀，由於過度濫捕而低數目降低，她也實施限制捕蟹的尺碼不少於9厘米，保存蟹量兼讓牠們繁殖。

雜色的鱈場蟹

韓國鱈場蟹，體色青綠，但身上有黑色小點貼在甲殼上。

韓國鱈場蟹，體色通紅，肉質雪白。

皇帝蟹

粵名 Lithodes aequispina

英文：Golden King Crab

粵音：Wong Tai Hi

香港：帝王蟹、皇帝蟹、石蟹、白石蟹、岩蟹、
　　　長腳蟹

中國：皇帝蟹、石蟹

台灣：皇帝蟹、長腳蟹

分佈　美國、阿拉斯加、日本、韓國

生長條件 / 習性											
棲息/出沒：濕地、泥地											
食糧：甲貝類、小魚類											
水深層：350~850米											
當造期：4月~6月											
1	2	3	4	5	6	7	8	9	10	11	12

皇帝蟹是巨型蟹種，成年的雌蟹一年中能在內孕育數千胎胚，及後牠們在海裏產蟹卵，外觀小小幼不像成年蟹，但經過數月變化，漸與成熟蟹相似，並在海底安家。一隻皇帝蟹的壽命約30年，但生育期一般為4年。

棲息於沿岸表層至6米深的水域，常在巖石隙中，性喜陰暗。貝殼較平，螺塔部始於體，約有6~9個孔，適溫度20~28℃，特點是生長較快、個體大、品質也較優良。

全身長滿
尖銳刺棘

1對螯鉗

體色由泥棕
色至鮮紅色

4對纖瘦管狀而
前端尖長的蟹足

甲殼呈三角
狀具顆粒

中央位置
凹凸不平

食味　肉質潔白豐厚，鮮嫩肥美，結實爽脆，膏脂淡而帶香，味道柔和。

烹調　白焯、清蒸、凍蟹、拆肉、沙律、火鍋、刺身（日本人和韓國人）

狀況　

價錢　 $ $ $ $ $

養在冰水中的皇帝蟹

澳洲皇帝蟹

漁夫數路

阿拉斯加紅色皇帝蟹於10~11月捕穫，紅色的皇帝蟹的肉質豐厚，豐滿度可達90%或更高，相反地，棕色皇帝蟹在深水捕穫，其肉約80%，鮮活的蟹比急凍蟹的鮮味好一點，鮮甜味道。捕撈季節因應蟹種而不同，紅色和藍色品種在白令海的捕撈時間是9~10月；金色皇帝蟹則全年均有。在阿拉斯加捕撈紅色品種就要在11月，而在2月則捕撈金色品種了。購買紅色和藍色皇帝蟹，其肉豐實度不能少於80%，金色蟹則不能少於70%。

阿拉斯加長腳蟹

粵名 *Haliotis midae*

南非鮑魚

英文：South African Abalone /
Perlemoen Abalone

粵音：Nam Fei Baau Jyu

香港：黑鮑、南非鮑魚

中國：鏡面魚、明目魚、石決明肉、九孔螺、
千里光、耳片、趴鍋

台灣：南非螺鮑

分佈　南非、大西洋、印度洋

生長條件 / 習性
棲息/出沒：深海的大石層或石質河岸
食糧：海藻
水深層：10~50米
當造期：一年四季皆有出產

1	2	3	4	5	6	7	8	9	10	11	12

南非鮑魚是慢性成長的生物，以四頭為例，成熟期要8年。牠為夜行性、藻食性的螺類，雌雄異體，牠們分別把精子和卵子排於海水中，當兩者遇上而受精，尤以浮面的受精者為優，約經10天時間便能孵出小鮑魚，經過3年時間方可長成10厘米，自軟膜孵化出來的鮑魚幼體仍需依靠體外凡黃的營養來維持發育和生存，到了面盤幼體後期才可吞食單細胞藻類，以助成長。一般長為17厘米。

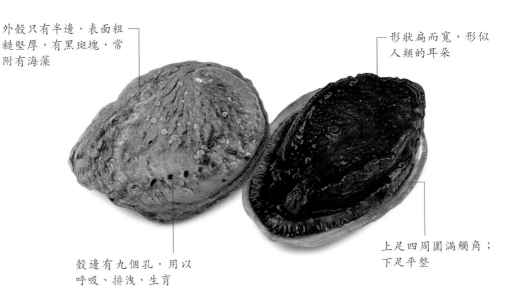

外殼只有半邊，表面粗糙堅厚，有黑斑塊，常附有海藻

形狀扁而寬，形似人類的耳朵

殼邊有九個孔，用以呼吸、排洩、生育

上足四周圍滿觸角；下足平整

食味　香氣清淡，肉質軟韌，細緻無渣。

備註

1. 鮑魚肉質較韌，故烹煮需時。
2. 中國北方主要養殖皺紋盤鮑（蝦夷盤鮑），南方則主要養殖雜色鮑和九孔鮑。

 烹調　原隻燴、煮、炆、扣、刺生、焯

 狀況　 |

 價錢　

通識百寶箱

鮑魚殼會變色？

　　鮑魚屬價昂的高級海鮮，肉質含大量麩胺酸及單寧酸，味道極鮮美。許多地方稱"鮑魚"為"鮑螺"，故常與海螺名稱混淆變混亂，香港只稱作"鮑魚"。它的殼扁平呈耳殼狀，大殼口而有明顯螺旋紋，殼表左側緣有1列小孔，無口蓋，腹足大，右鰓比左鰓小，直腸通過心臟，殼表有綠紅色、綠褐色、黑褐色等多種，因喜生長於水流稍急且海藻較多的岩礁帶，以藻類為食，凡褐藻、紅藻、綠藻皆為攝食對象，且藻種會影響殼表的顏色。

漁夫教路

　　南非鮑魚是現今香港活鮑魚的主要品種之一，價錢合理，貝殼色澤淺而鮮明，周邊帶點青苔，肉質肥厚，鮑板寬闊，群邊繁密帶尖銳，屬大種鮑魚。如用手輕觸鮑魚裙邊，鮑魚有伸縮反應便為之新鮮，清潔乾淨，殼貝有明顯刺手紋理，沒有蠔殼或沙泥蓋面。市面還有澳洲青邊或黑邊鮑魚，但不常見，比南非鮑略小，味道比較鮮，特別是其肉質略黃，稱為溏心，肉味鮮甜略含嚼勁，黑邊鮑魚則味道略淡，缺鮑魚香味，但做刺生、焯煮和燴煮卻不錯。中國大連鮑魚和湛江鮑魚是市場主流品種，均屬台灣九孔鮑魚，大連鮑比較潔淨，貝殼略帶彩紋；湛江鮑魚比較污濁帶泥，殼面有小貝附生，真正的台灣九孔鮑魚反而在市場疑似湮沒了。

粵音：Haliotis australis

澳洲鮑魚

粵音：Ou Chau Baau Jyu

英文：Australia Abalone
粵音：Ou Chau Baau Jyu

香港：鰒、鮑螺、海耳
中國：鏡面魚、明目魚、石決明肉、九孔螺、
　　　千里光、耳片、趴鍋
台灣：鏡面魚、九孔螺、明目魚、將軍帽、九孔

分佈 澳洲

生長條件 / 習性
棲息/出沒：深海的大石層或石質河岸
食糧：海藻
水深層：10~50米
當造期：一年四季皆有出產

1	2	3	4	5	6	7	8	9	10	11	12

野生黑邊鮑來自澳洲塔斯曼尼亞，生長於天然無污染，背風、背流的岩礁區，位處南極萬年冰川流，海水冷、清澈而含鹽份高，水流急促，吃海藻，該水域的食物豐富，故鮑魚身體才能夠肥碩。在持澳洲政府牌照的潛水員的鑑管下方可撈獲，還要在指定海域內的天然海床徒手採集，由於澳洲規定很嚴格，必須遵照規定尺寸才能採捕，確保正常生態環境。

周邊呈黑色

表面粗糙具刺手紋理

鮑板寬大

清潔乾淨

肉厚，肉質偏扁、中間凹陷

食味　氣味淡雅，有淡淡的海洋味，肉質軟滑有口感。

備註
南澳洲的鮑魚，群邊是青苔色，肉質厚實，色澤微黃或白裏帶粉紅，溏心味重。

烹調　扣、煮、炆、煲湯

狀況

價錢

通識百寶箱

麩胺酸是鮑魚的鮮味來源？

　　麩胺酸（glutamic acid，簡稱 GA）為天然蛋白質中的一種胺基酸（amino acid）。由於 GA 可以在人體內合成，故被列為非必需胺基酸（non-essential amino acid）中，常見於動、植物體內，並以各種形態存在。據知 GA 具有羧基（carboxyl group）及胺基（amino group）是酸、鹼兩性的物質（amphoteric substance），亦是賦與食物鮮味的由來，更是各種胺基酸與有機酸等組合而成的微妙複雜味道。

漁夫教路

　　鮑魚可分為鮮鮑（急凍鮑魚及活鮑）、湯鮑（罐頭鮑及即食鮑）和乾鮑三大類。按貨品特質，處理功序和時間各異，以乾鮑最繁複，湯鮑為次，鮮鮑最簡單。(i)鮮鮑以南非和澳洲青邊鮑最靚，澳洲黑邊鮑為次，因比較腍軟兼鮮味淡，處理時只解凍、剪去腸臟，清洗便可煲湯和燜煮，無論如何烹調，都應以凍水或暖水放入鮑魚，避免鮮或急凍鮑魚因接觸沸水，使表面組織急速收縮而爆裂，令裙邊脫落，影響賣相。揀選鮑魚的裙邊愈粗，表示肉厚肥壯，鮑魚強健，肉質較佳。(ii)湯鮑可分為罐頭鮑魚和即食湯鮑兩大類，當中以日本及墨西哥最佳，其次為南非、澳洲及紐西蘭。日本罐頭鮑魚現極罕，價錢高，但鮑形細而尖長，味濃兼有咬口感。墨西哥罐頭鮑魚則以車輪鮑品牌最聞名，肉厚肥大，外型圓渾，甘香軟滑。南非罐頭鮑魚的質素亦屬佳品，色澤較深，香味濃郁。澳洲罐頭鮑魚的質素較紐西蘭鮑魚優，色澤較淺，味道甘香富彈性。紐西蘭罐頭鮑魚則較適合家庭食用，色澤帶白，肉質軟有嚼勁。處理罐頭鮑魚可先按來源地，連罐煲數小時。乾鮑則以日本為佳，中東、南非為次，澳洲、東南亞和韓國為最普實。

俗名 *Haliotis australis*

台灣九孔鮑

英文： Haliotis Diversicolor /
Taiwanese Abalone

粵音： Tai Wan Baau Jyu

香港：九孔、台灣鮑
中國：九孔、台灣鮑、珍珠鮑
台灣：珍珠鮑、九孔、台灣鮑、雜色鮑

分佈 中國、日本、台灣

生長條件 / 習性
棲息/出沒：深海的大石層或石質河岸
食糧：海藻
水深層：10~50米
當造期：全年(7~8月最好，農曆十一月產卵期前最肥美)

1	2	3	4	5	6	7	8	9	10	11	12

台灣九孔鮑魚對屬狹鹽性之貝類，要求水質極度清潔無污染的環境下才適合生長。牠們的產卵期在農曆十一月，雌性和雄性的生殖腺達到成熟後把卵子和精子排於海水中，兩者相遇時受精發育，約10天可孵化成小鮑。形成"第一呼吸孔"的所需時間，雜色鮑魚需要24天，"皺紋盤鮑"是45天。一年的貝殼生長達4厘米，兩年後為6厘米，到了利三年方能超過10厘米達成熟。一般殼長8~14厘米。

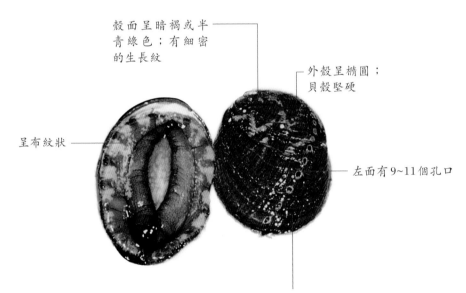

殼面呈暗褐或半青綠色；有細密的生長紋

外殼呈橢圓；貝殼堅硬

呈布紋狀

左面有9~11個孔口

螺旋部小；體螺層極大

食味　肉質爽口軟嫩、味甘清甜。

烹調　蒸、清酒煮、焯

狀況　 |

價錢　

通識百寶箱

鮑魚雌雄難辨？

　　鮮鮑雌雄異體，從外表很難作出分辨，必須把體內的螺旋狀內臟掀開，才可以仔細察看。原隻鮮鮑蒸熟後看察看內臟，雌性的生殖線呈現墨色是，雄性的生殖線是淡黃色。前者肉質比較腍軟；後者的肉質比較結實清甜。

漁夫教路

　　鮑魚的食用部份為殼內肌肉，挑選黃色肉身比較好，味道鮮中帶甜美，一般情況下，牠的貼附力很強，隨蓄養於魚缸的日子久了，缺乏食料而喪失生機，或因運送過程中，水溫或鹽份不適合，漸趨死亡，"表面附着色"漸漸退色，其吸力開始變弱，肌肉呈收縮狀態，有硬口的跡象，表示死亡前奏。鮑魚肉的顏色會變淡白，肉身變僵硬，質感較韌，更因仍浸泡於鹹水中，從硬口變田腍軟，發出異味，其食味會大打折扣。

學名 *Haliotis discus hannai*

大連鮑魚（皺紋盤鮑）

英文：Disk Abalone
粵音：Dai Lin Baau Jyu

香港：鰒、鮑螺、海耳
中國：四孔鮑、鮑魚、皺紋盤鮑、翡翠鮑
台灣：鏡面魚、九孔螺、明目魚、將軍帽、九孔

分佈 中國、台灣、日本、韓國

生長條件 / 習性											
棲息/出沒：深海的岩礁帶											
食糧：海藻											
水深層：1~20米											
當造期：一年四季皆有出產											
1	2	3	4	5	6	7	8	9	10	11	12

大連鮑屬底棲性動物，存活於水流急速又水質清澈的活海，晝伏夜出，以褐藻類和綠藻類為食物，生活在寒帶海域，屬於寒流系冷水種，並生長在15~22℃之間，要是水溫低至4℃時仍能存活，但攝食與活動能力劇減。

螺塔很小；體層肩部有一列3~9個不等的透孔，按種類和個體而變化

貝殼扁平如耳狀；貝殼內呈現強烈的珍珠光澤

孔右側有一螺旋狀溝槽

殼面暗或半呈青綠；有岩巉感

殼口很大

大連鮑

大連鮑即皺紋盤鮑，又稱翡翠鮑，常被誤作九孔鮑魚。

食味　肉質爽嫩幼滑，肌肉纖薄，肉柱脆滑而不
夠堅挺，味道濃富鮑魚味帶微甜。

烹調　蒸、焯、煮、冰鎮、酒煮、椒鹽

狀況　 |

價錢　

通識百寶箱

鮑魚富含牛磺酸？

　　鮑魚含有一種叫牛磺酸(taurine)的營養成份。流行病學研究顯示服用牛磺酸
有利於預防心血管疾病、降低心室腫大，且減少尿蛋白的排泄，更具有抗氧化
能力，經由減少動脈的損傷程度，延緩或抑制動脈硬化，調節脂肪消化吸收和
維持血糖。話需如此，鮑魚是一種不易消化的物質，不要多吃，避免引起腸胃
不適。

漁夫教路

　　"皺紋盤鮑"成熟需至少3年的時間，比
九孔鮑魚多了2年養殖時間，由於鮑魚必
須存活於無污染的天然環境，海域水質清澈，
潮流湍急，海床岩石平滑，擁有天然豐富無污
染的藻類供覓食，方可讓皺紋盤鮑健康成長，
造就高品質鮑魚。由日本品種的鮑魚苗移到中
國深海養殖，為期約4年告成熟，每斤約8~10
頭，殼表面呈翡翠綠而無雜質，大連鮑魚資源
量佔中國70%以上，是經濟價值高的貝類海產。

韓國鮑魚

學名 : *Hemifusus colosseus*

響螺

英文 : Giant Conch, Conch
粵音 : Hoeng Lo

香港：響螺
中國：長辛螺、黃沙螺、角螺
台灣：響螺、長響螺

分佈 印度至太平洋一帶、中國、台灣、香港

生長條件 / 習性
棲息/出沒：碎珊瑚底質的淺海、巖石縫、海底沙泥地
食糧：海藻、微生物、棘皮動物、底棲貝類、小魚
水深層：20~50米
當造期：全年皆有出產，5~10月當造

1	2	3	4	5	6	7	8	9	10	11	12

響螺屬中、大型貝類，為肉食性和腐食性的動物。入冬時，牠們會移到淺灘交配繁殖，雌螺於交配後3~5天開始產卵，再用2~3產卵切打擾，否則會停止生產或產下空笶卵，到了5~7天，再進行第二次產卵，卵笶變細而數目也少了，再過32~45天，小螺會破笶而出。

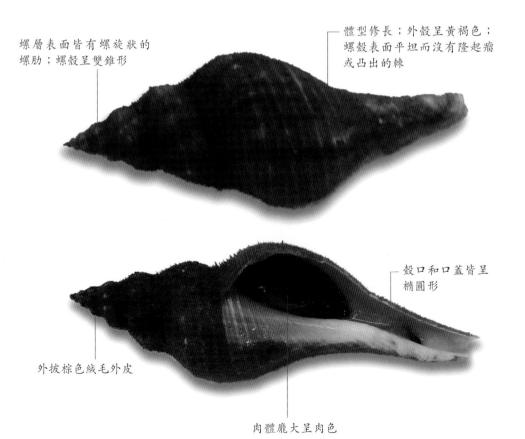

螺層表面皆有螺旋狀的螺肋；螺殼呈雙錐形

體型修長；外殼呈黃褐色；螺殼表面平坦而沒有隆起瘤或凸出的棘

殼口和口蓋皆呈橢圓形

外披棕色絨毛外皮

肉體龐大呈肉色

食味　肉嫩細滑肥厚、味道濃郁，鮮味十足。

烹調　白灼、燉湯、鮮炒焗釀、煲湯

狀況　

價錢　

通識自賣箱

響螺和角螺療效不一樣？

　　響螺與角螺外型和食療不相同，前者有滋陰作用；後者療效略遜，還會惹痰。從外型區分，響螺表面平滑，具流線形；角螺則表面與色澤與響螺相似，外殼呈形尖角，螺旋峯極短，外皮甚為滑手，沒有絨毛狀。

漁夫教路

　　中國響螺，又稱角香螺（Hemifusus tuba / Crown Conch），屬中大型貝類，生活於溫帶及熱帶10~50米的泥地，體形比較香螺圓胖和厚重，呈長雙錐形，具有多個扁三角形的突起，貝殼顏色為肉色，表面有土棕色似絨毛的殼皮。

中國響螺

美國響螺，外殼與中國響螺很似，只是顏色不同，多點凸瘤或梭形三角位，螺旋峯極短。

黃沙螺　　　　　　　　泥螺

蠔

英文：Oyster

粵音：Ho

香港：蠔、生蠔

中國：蠔、海蠣子、蠣黃、蠔白、青蚵、牡蛤、
　　　蠣蛤、砿、牡蠣

台灣：蚵仔、蠔、牡蠣

| 分佈 | 世界各地皆有分佈，包括中國、美國、法國、澳洲、日本、台灣、香港、澳門 |

生長條件 / 習性
棲息/出沒：海水、鹹淡水交界、淺海泥沙
食糧：藻類、浮游生物
水深層：1~30米
當造期：

1	2	3	4	5	6	7	8	9	10	11	12

蠔分牡蠣科和燕蛤科，品種很多，包括歐洲蠔、熊本蠔、密鱗牡蠣、大連灣牡蠣等等。蠔的上下兩殼形狀不同，裏面光滑，外面灰黑粗糙，上殼小，中間突起，下殼較扁大，邊緣較光滑。兩殼分開，只在窄的一邊用韌帶相連，具收縮閉殼作用，殼中肌肉強大，用以開殼。捕食時，殼會微張，以濾食微生物。為雌雄異體，但也有雌雄同體者，繁殖期為夏天，有水中受精，也有體內受精，剛孵出的幼蠔為球形，有纖毛，能永久固定在其他動物身上。收穫期為3~5年。

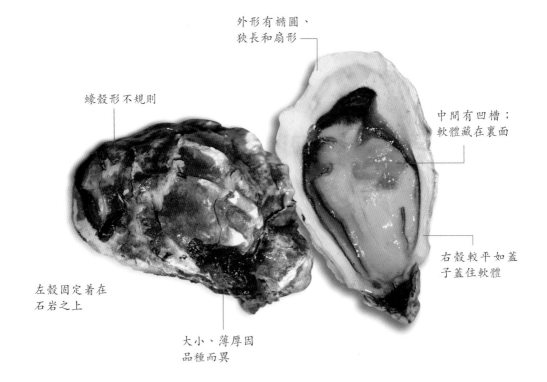

外形有橢圓、
狹長和扇形

蠔殼形不規則

中間有凹槽；
軟體藏在裏面

右殼較平如蓋
子蓋住軟體

左殼固定着在
石岩之上

大小、薄厚因
品種而異

食味 味道鮮甜，帶有微微的海草味和礦物質味，但初接觸的人不易接受。

烹調 生吃、焗、烤、煮、煎、炸、焯

狀況

價錢 $ $ $

備註

熊本蠔一如其名，原本產於熊本縣，但由於濫捕幾乎絕種，幸而在上世紀初傳到美國繁殖，方不致滅絕。

漁夫教路

新鮮生蠔是季節性食物，要吃當造才能嚐到真味，在香港，每逢9~12月要選擇歐美生蠔。夏天時，反而應選上澳洲和紐西蘭，因溫度剛好相反。歐美蠔處於當造期，肥美嫩滑，鮮甜可口帶有微鹹的海水味道。北美如美國和加拿大的蠔生長於鹹淡水交界，肉厚味淡，法國蠔多在鹹水養殖，海水味重，肉質較爽，留在口中餘韻較久，尤銅蠔 Belon 最優，冠以蠔王美譽，飼養時間達4年以上。澳洲位於南半球，蠔肉質爽，味道先鹹後甜。察看新鮮度要查看蠔邊有否收縮，蠔肉有光澤，吃時具鹹味，才算新鮮。生蠔在夏天"散卵"期間才會出現"瀉膏"變得消瘦，深秋時份蠔開始肥美。

日本廣島蠔，肉厚肥美，鮮味甜而濃烈，帶點微腥。

加拿大蠔，雖與美國處於相同水域，由於品種不同，體型略小。

韓國蠔，瘦身，體型中大，味道中融帶點淡淡海水味。

美國蠔，體型大，肉厚肥美，但味道柔和帶點微鹹。

開蠔見蠔肚飽脹，蠔群黝黑，要是體型修長瘦削，肉色灰白帶青綠，屬瘦蠔。

扇貝（蝦夷海扇貝）

粵名：Pectinidae family (Patinopecten yessoensis)

英文：Fan Scallops
粵音：Sin Bui

香港：蝦夷扇貝(帆立貝)、新鮮瑤柱、扇貝、元貝
中國：櫛孔扇貝、德氏扇貝、齒舌扇貝
台灣：扇貝、法爾海扇蛤、鮮元貝

分佈 世界各地皆有出產，如日本、台灣、韓國、香港、中國

生長條件 / 習性											
棲息/出沒：潮間帶到深海的岩石、沙質海底											
食糧：機碎屑、微型顆粒、浮游生物、藻類											
水深層：1~30米											
當造期：一年四季皆有出產											
1	2	3	4	5	6	7	8	9	10	11	12

扇貝屬雙殼類軟體動物，殼呈扇形，色鮮艷。水中受精，幼體在水底發育，有的終生不移動，有的會中途往他地。殼內有大閉殼肌，眼及短觸手在外膜上，觸手用以感受水質。游泳時雙殼會間歇地開合。濾食性動物，攝食周邊任何食物，不挑種類，但會挑選大小。夜間食量大。平時右邊殼朝下地用足絲固定在岩石上地沙地上，不愛活動，只有感到不安時，才會稍微遊到別處。天敵是海星。

貝殼呈扇形或圓形，兩硬殼以右下左上相對，右殼平坦，左殼較凸，殼頂前、後有殼耳，可呈相等或不相等狀

殼高自數厘米至20多厘米不等

殼面有發達放射紋和生有凸出的鱗片

外套膜展開，邊緣有很多觸手和眼點

鉸合直，外緣薄而外有韌帶，內韌帶發達而略呈三角形，位於鉸合部中央的韌帶糟中

肉色潔白，約帶粉紅色的肌柱，味道會更鮮甜濃郁，佈滿味蕾，還有回鮮甘甜的餘韻，肉質豐厚脆滑。

食味

備註

扇貝色彩明豐，花紋多樣，甚得收藏者和手工藝者的喜歡。

蒸、煎、岩燒、烤、刺生、焯、炒，曬乾

烹調

狀況

價錢

通識百寶箱

扇貝眼睛有兩個視網膜？

扇貝殼的邊緣位置有高達100個具反射的簡單眼睛，狀如珠子串，每個直徑約一毫米，牠的視網膜比別的雙殼貝更複雜，因為包含了兩個視網膜，一是適應光線；另一則適應黑暗物體，但不能感知物體的形狀，只是利用光線變速和運動作為檢測的導向，捕攝食物或躲避敵人。

漁夫教路

韓國扇貝，屬蝦夷扇貝，味道鮮甜肉幼滑，與日本的帆立貝相若。

香港扇貝（Chlamys farreri），又稱法爾海扇貝，肉小纖細，味道鮮甜帶微甘，貝殼嬌小。

粵音 Amusium pleuronectes

日月魚

英文：Asia Moon Scallop
粵音：Yat Yuet Jyu

香港：日月魚、沙鏡貝
中國：鏡貝
台灣：海扇蛤、日月貝

分佈 印尼、馬來西亞、韓國、中國、菲律濱、印度、台灣

生長條件 / 習性
棲息/出沒：淺海、深水之沙質地
食糧：浮游生物、藻類
水深層：10~85 米
當造期：一年四季皆有出產

1	2	3	4	5	6	7	8	9	10	11	12

日月魚屬雙殼類軟體動物，殼呈扇形，色鮮艷。水中受精，幼體在水底發育，有的終生不移動，有的會中途往他地。殼內有大閉殼肌，眼及短觸手在外膜上，觸手用以感受水質。游泳時雙殼會間歇地開合。為水中受精海產，生長在約5~85米 或5~50米深的淺海，行動緩慢，愛右殼向下地平躺在沙地上。外表乳白光滑，內面有白色肋骨，閉殼肌痕明顯。遇危險時會緊閉殼肌，迅速開合雙殼而產生水流逃逸。

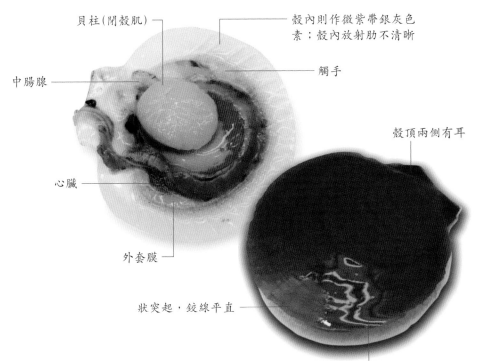

貝柱(閉殼肌)

中腸腺

心臟

外套膜

狀突起，鉸線平直

殼內則作微紫帶銀灰色素；殼內放射肋不清晰

觸手

殼頂兩側有耳

殼平如圓鏡，上殼為紅棕色；外面光滑浮白色；有深褐色的幼細 "放射線"

食味

肉色潔白，質感脆軟，肉薄纖維略粗，味道微甜帶鮮，有時會充作帶子肉。

烹調

蒸、炒、焯、炭燒、烤、焗

狀況

價錢

備註

1. 富含磷、鐵、碘及鈣質。
2. 眼疾，補腎益肝，養顏美髮功用。
3. 民間對日月魚有很多有趣傳説。其中一個據説每當天朗氣清，陽光充沛時，日月魚會張開殼曬太陽，同時找尋浮游生物；夜間月亮高掛時，牠同樣張殼覓食，故能吸取日月精華。

通識百寶箱

日月魚有個傳奇故事？

其名字的由來，據説日月貝肉裏藏着一隻小紅蟹仔，身足俱全，大小如豆，體軟如棉，口中吐一條細絲以作約束。當日月貝饑餓時，便張開殼放出蟹仔覓食，吃飽後返回貝腹內，代表日月貝也飽了。如蟹仔遇險，牽絲斷掉，不能回歸，那麼，日月貝也活不了，兩者關係可説是唇亡齒寒。

漁夫教路

沙鏡（Amusium japonicum formosum），又稱長肋日月魚，體呈桃紅色，與亞洲日月蛤（Amusium pleuronectes）的區別，則是自殼頂到殼緣約有15對之放射肋，與沙鏡。

沙鏡貝

粵音 Panopea abrupta (Panopea priapus)

象拔蚌

英文：Geoduck (Pacific Geoduck Clam)

粵音：Zoeng Bat Pong

香港：象拔蚌

中國：太平洋潛泥蛤，高雅海神蛤、皇蛤、管蛤、海筍

台灣：象拔蚌

分佈 美國、加拿大澳洲、紐西蘭、日本、中國

生長條件 / 習性

棲息/出沒：深海砂地，或平靜水緩的沙泥底質的內灣
食糧：單細胞藻類、沈積物、有機碎屑
水深層：3~50米
當造期：

1	2	3	4	5	6	7	8	9	10	11	12

象拔蚌屬埋棲型軟體貝類，雌雄異體，長壽，可達一百多年。繁殖期為4~7月，頭四年生長迅速，以後漸漸緩慢。象拔蚌喜歡埋在深海的砂中，活動力不強，長到15厘米時已無行動能力，從此在窩在穴居不再移動，故此，生活環境需要有豐的餌食。主要敵天是蟹、海星等。

貝殼薄而脆；
兩殼相等

兩扇殼一樣大，
薄而脆

色淡褐黃；水管發達，表皮酷白，
不能完全回縮殼內

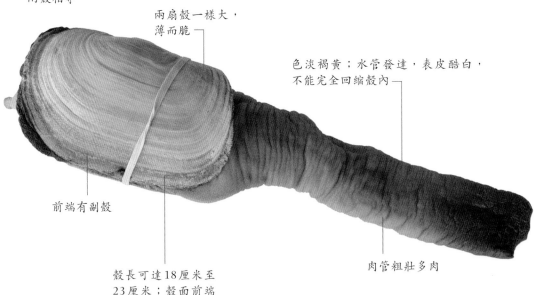

前端有副殼

殼長可達18厘米至
23厘米；殼面前端
有鋸齒狀

肉管粗壯多肉

備註

過瘦、抵抗力差、水腫、免疫力低者建議多吃。

食味　口感層次豐富，脆、軟、滑、嫩，內臟腍軟如吃肝，味道鮮中帶點微苦。

烹調　刺生、焯、爆炒（過熱的時間要很短）、急凍（煲湯），肉管下的內臟可煮、熬湯底、煲粥

狀況　

價錢　

本地象拔蚌

迷你象拔蚌仔，產自中國，體型很小，味道微甜，腍中帶爽，適合火鍋配料、蒸和炒，供應期冬季。最佳食用重量：150克。

漁夫教路

　　市場售賣的象拔蚌來自加拿大和美國加州，以活貨為主。由於加拿大水質好，肉甜爽脆，離水後因吐水、去殼和去內臟後，淨肉僅剩五成；美國加州貨行內稱為「吸水蚌」，重秤，經吐水去殼和去內臟後，只剩下兩至三成淨肉，味道淡寡，質感爽脆。察看象拔蚌置水中或冰上養活，也可窺探出是加拿大還是美國貨，應是美國象拔蚌能存活於14℃，故漁販把牠放在水中養活，相反地，加拿大象拔蚌需在0℃環境下方可生存，故放牠在冰上養活。揀肉味甜就要取老不要嫩，如何取捨？肉管即伸出殼外的肉皮愈深色，外殼潔白，表示象拔蚌長期處於深海，接觸沙泥多而變得深色，但外殼則藏在海泥中而保持雪白。加拿大象拔蚌

中國象拔蚌，肉管薄而修長，表皮呈深啡黃色，肉色潔白，味道甜而肉質帶韌，蛤殼薄。

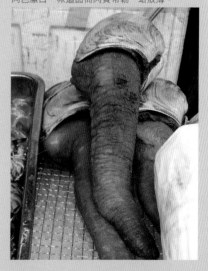

的外形修長而扁平，十分鮮甜爽口。美國加州象拔蚌的外殼渾圓，肉管飽滿，甜味不足卻頗爽脆。美國象拔蚌，肉管肥厚，短小，表皮泥黃，去皮後肉色潔白帶粉紅，蛤殼薄而呈橢圓。日本九州白象拔蚌的殼纖薄，但外殼和肉管雪白，鮮甜富海水味，彈性很強，當造期只在4~5月。日本黑象拔蚌的體型小，外殼及肉管呈黑色，味道濃郁和極鮮甜。

帶子

粵名：Atrina pectinata

英文：Come Pen Shell
粵音：Tai Tze

香港：帶子、沙插、鮮貝、江瑤、櫛江瑤
中國：牛角蛤、江珧蛤、鮮貝
台灣：布肖貽貝、牛角蛤、牛角蚶、江珧蛤、
　　　腰子貝

分佈	印度至西太平洋、日本、中國、台灣

生長條件 / 習性

生活於至20公尺深且為底棲類海產。以濾食水中為生。用殼頂伸入泥沙中，並用足絲附着於底質上。

棲息/出沒：潮間帶的軟泥或沙泥質海底
食糧：浮游生物
水深層：20米
當造期：一年四季皆有供應，5~6月盛產

1	2	3	4	5	6	7	8	9	10	11	12

帶子屬暖海性動物，愛把尖端直立插入泥沙中過濾水浮游生物為食物，牠的足絲穩固着於海底，一旦定居後，終生不移，所以當牠們群集一起時，驟眼觀看如海底石林。

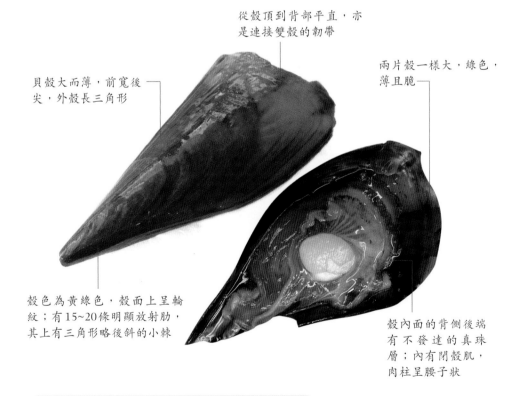

從殼頂到背部平直，亦是連接雙殼的韌帶

兩片殼一樣大，綠色，薄且脆

貝殼大而薄，前寬後尖，外殼長三角形

殼色為黃綠色，殼面上呈輪紋；有15~20條明顯放射肋，其上有三角形略後斜的小棘

殼內面的背側後端有不發達的真珠層；內有閉殼肌，肉柱呈腰子狀

備註

顏色淡褐到黑褐，幼時略透明。

食味

肉色潔白，要是肉色白裏帶粉彎色，比較鮮甜，肉柱呈腰子狀，厚而略小，帶點嚼勁，味道鮮甜但與扇貝比較，就差很遠了。

烹調

蒸、炒、焯、煎，尤以蒸的處理最佳

狀況

 |

價錢

通識百寶箱

帶子與扇貝是否一樣？

　　帶子與扇貝外殼分別很大，但裏面的肉柱卻都潔白細嫩，因此常為人混淆。其實只要二者分別在於口感，扇貝肉厚而大，口鮮鮮甜柔軟，而帶子則稍清爽，味較淡，故而價錢較低。除了帶子和扇貝的柱肉容易被混淆，一旦把貝殼除掉，真的難於分辯，要是還加進了日月魚柱肌，不是常逛街市的人更容易被魚目混珠，其實只要細心察看，也很易區分。帶子肉呈腰果狀，厚而帶點靭；扇貝肉柱渾圓肉厚，色澤呈粉紅，肉纖維幼嫩細緻；日月魚的肉柱與扇貝相若，分別是肉薄色白，肉纖維比扇貝更幼嫩。

漁夫教路

　　活帶子殼口微張，裏面的軟膜若受到外界刺激會迅即收縮，殼口便立即隨關閉，並噴出柱形的水花。如果口張開不閉的，多是死掉了。處理時，用長柄小刀斜剖帶子肉，在"開邊"時如發覺刀鋒呈"緊啜"狀的行內人稱"食刀"或"拖刀"，表示已變壞，看到內裏的肉柱呈土黃色，就是變腐敗的徵兆，不宜吃用，相反地，帶子肉能順利一開為二，表示新鮮。

養殖帶子採用懸吊法養殖

貴妃蚌

粵名：Coelomactra antiquata

英文：Short Necked Clam, Queen Clam

粵音：Kwai Fei Pong

香港：西施蚌、海蚌、西施舌
中國：河蛤蜊、雜色蛤、蜆子
台灣：海蚌、雜色蛤

分佈 印度支那半島、中國、日本、越南

生長條件 / 習性
適溫度為8~30℃，適鹽度17%~25%，春夏時繁殖，生長速度快，一年可達4~6厘米、體重20克。
棲息/出沒：低潮線附近的砂泥質淺海
食糧：微生物
水深層：10米左右
當造期：一年四季皆有供應，5~6月盛產

1	2	3	4	5	6	7	8	9	10	11	12

貴妃蚌的生長速度較快，在自然海域生長3年時間，重約3兩(115克)，長約4~6厘米。有經驗漁民憑經驗，將捕獲少於3年的貴妃蚌都要放回海中讓其自然生長，只有生長3年以上的才能用作銷售。一般可達7~8厘米，體重約4兩(150克)。

蚌殼呈圓形；左殼透出淡脂紅色，外面平滑有如年輪般的成長輪

左殼內裏呈白色

略呈三角形的外殼圓滑，表面光滑

肉柱白裏透粉紅，呈三角或刀狀

右殼乳白色，外表光滑呈浮白色右殼內面具相對的白色放射肋

兩邊殼一樣大

食味 肉質細膩柔軟，甘脆嫩滑，味道清甜鮮味足。

備註
買回來的貴妃蚌若不立即烹製，應用水活養，或洗去海水，放進冰箱雪藏。

 烹調 清蒸、爆炒

 狀況

  價錢

貝介類的原肌球蛋白惹的禍？

　　存在於貝介類海產中的致敏原為「原肌球蛋白」Tropomyosin，這種蛋白質不祇是存在海洋生物，亦可以在田螺、蝸牛、蟑螂或其他甲殼類昆蟲中找到，所以對貝介類海產有敏感的人士，也會隱生接觸那些生物時同樣發生過敏反應。由此推論，一般對甲殼類敏感的人士亦會有75%機會對軟體動物類海產（如蠔、螺、鮑魚、墨魚等）產生敏感，10%機會跟魚類食物產生過敏反應。

　　貴妃蚌的食用部份為殼內肌肉，但蚌肉偶含沙粒，建議用小刀撬開蚌殼，順手輕剔蚌肉中央，洗濯後便無沙粒，安心享用。蚌肉鮮甜可口，有些漁民會把漁獲曬乾，製成蚌乾"貴妃蚌仁"，能保持貴妃蚌的原汁原味，宜於久藏和出口，由於一斤淨蚌肉只得乾品二兩，漁民也樂意製貨。曬製過程不算複雜，先將鮮貴妃蚌蒸煮，去殼，最後放在竹架上晾曬，製品變乾即可，曬出來的貴妃蚌乾邊緣呈金黃色，中間淡黃且透淺淺的粉紅色，表示貨鮮和曬製得宜。

蟶子

學名：Sinonovacula constricta

英文：Razor Clam
粵音：Sing Tze

香港：縊蟶、青子、剃刀蛤
中國：蟶子
台灣：蟶子

分佈	日本、中國大陸、台灣、英格蘭及愛爾蘭

生長條件 / 習性

無脊椎軟體動物，兩片殼長如竹筒，出水管和入水管會伸出殼外，喜歡風平浪靜、水流暢通的低鹽環境，生活在軟泥砂地中，有掘穴棲居的習慣，喜歡潛伏在沙低，冬天天氣冷，潛伏的深度會深許多。如在穴中放鹽水，蟶子會躍出來；如遇危機，會自斷出入水管。

棲息/出沒：淺海和潮間沙地
食糧：浮游生物
水深層：1~10米淺海
當造期：全年皆有供應，夏末秋初為盛產期

1	2	3	4	5	6	7	8	9	10	11	12

蟶子是無脊椎軟體動物，殼內的肌肉和兩根出、入水管會伸出殼外，作為吸食、排廢和探測環境，喜愛風平浪靜、水流暢通的低鹽環境，掘穴棲居，並常潛進於沙低，冬天溫度低，潛伏位置更深。假若在其穴中放鹽，牠們會從沙裏跳出，若遇危險則會自行出入水管。一般長度達10~15厘米。主要品種有大竹蟶、長竹蟶、細長竹蟶及短竹蟶。

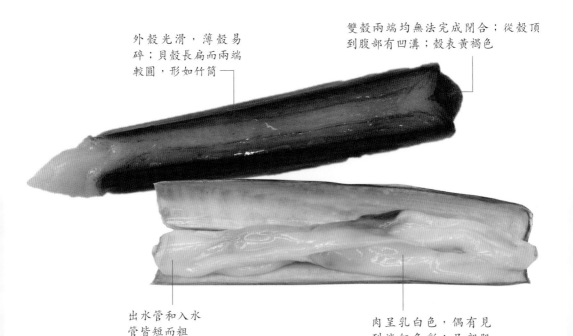

外殼光滑，薄殼易碎；貝殼長扁而兩端較圓，形如竹筒

雙殼兩端均無法完成閉合；從殼頂到腹部有凹溝；殼表黃褐色

出水管和入水管皆短而粗

肉呈乳白色，偶有見到淡紅色彩；足部肌肉極發達和呈淡黃色

食味 肉質脆滑柔嫩卻帶點爽脆，味道鮮甜帶海水鹹味，偶有沙粒，肉色淡黃微帶粉紅。

 烹調 蒸、炒、煮、爆炒 ，不要烹調過熱，肉質變韌，不夠滑中帶爽。

 狀況 |

 價錢

 通識百寶箱

貝介海產分類知多少？

貝介類海產的分類頗為廣闊，但主要可以分為兩大類：

i. 甲殼類 (Crustacean) 例如蟹、龍蝦、淡水螯蝦、蝦、對蝦等，以及

ii. 軟體動物類 (Mollusks)。

軟體動物類可以再細分為

A. 雙殼貝：例如蛤蜊、蠔、扇貝、河蚌、海膽等。

B. 腹足綱軟體動物：例如貝形殼的帽貝或鮑魚及螺旋形殼的跳螺或東風螺等。

C. 頭足類動物：例如烏賊、墨魚、章魚等。

漁夫教路

　　活蟶子的吸水管都伸出殼外作排泄、攝食和探測外在環境，取出蟶子輕輕碰觸，立即會蠕動或兩殼稍合，待剝開外殼，發現白色的韌帶緊連着兩殼，同時有清晰的液體外流。相反地，死掉的蟶子兩殼韌帶脫離或連在一起的殼上、蟶體因失去水份而收縮，吸水管變得乾癟而柔軟。大量捕捉時，漁民會用吸管將牠們連殼吸出，再連同沙泥一併吸走。蘇格蘭蟶子王則由潛水員在海底逐隻摘取，好處是沙石不會藏在肉內，免了處理吐沙的程序，蟶子皇最大可達8吋長，所以港人愛吃蟶子皇。

青口

英文： Mussel

粵音： Ching Hou

香港：青口、貽貝
中國：青口、青口貝、海虹
台灣：貽貝、殼菜

| 分佈 | 新加坡、馬來西亞、印度、韓國、中國、台灣、日本、香港、紐西蘭、加拿大、美國、泰國、菲律賓 |

生長條件 / 習性

為軟體甲貝類，一群群地生長在海岸的岩石上，或是淺海中，是繁殖力強、生長快的貝類。長期被陽光照射者，肉質便呈紅色，浸於水中者，肉便呈白色。

棲息/出沒：淺海區水域、海岸石底石縫

食糧：浮游生物

水深層：80~100米

當造期：

1	2	3	4	5	6	7	8	9	10	11	12

青口是生命力和繁殖力都很強的經濟貝類。他們是雌雄異體，水溫會影響到性成熟，青年青口成長了2~3個月，性成熟體長達15~30毫米便可交配繁殖，一年產卵兩次，交配期在初春和深秋，受精卵約7~8小時孵化為幼蟲，待在水裏約10~12天變成年幼青口，牠們擁有很多可移動的步足助向上攀爬帶有沉澱物的地方，亦會釋放足絲以助依附基底上，可存活2~3年。

殼內面灰白色，有珍珠光澤

邊緣部為藍色

兩殼左右對稱

後端寬廣而圓；殼薄，呈楔形

綠色 / 藍色 / 紫黑色殼皮

殼表面平滑具光澤，有明顯的生長細紋

備註

1. 鮮活青口肉質飽滿多汁有光澤，有淡淡海水味。
2. 年輕青口顏色呈亮綠色，隨年齡漸長，意即愈老顏色也愈深。
3. 貝殼一般為深綠色，由上沿位置至嘴尖而漸漸帶有棕色，顏色逐漸變褐色。

食味　肉厚質粗,鮮味不足微甜,海水鹹味很重,要是水域不好會帶有火水味道。

烹調　焯、蒸、煮、焗釀、炒

狀況　

價錢　

麻痺性貝殼水產毒素令人麻痺?

　　貝類如扇貝、青口、蜆、蠔、帶子等多為濾食性生物,當牠們攝取了一些含有毒素的藻類,例如雙鞭毛藻,它們便會產生貝類毒素;聚積其體內,內臟部份最多。因此,貝類毒素中毒的高風險食物。再者,紅潮即海中的藻類大量繁殖時,有毒藻類亦隨之增加,海產受污染的風險就會更高。麻痺性貝殼類毒素(Paralytic Shellfish toxin)是一組天然毒素,亦是在雙殼貝類和非雙殼的水產動物體內積聚最宜發生,該貝類水產在體內積聚麻痺性貝殼類毒素時,它不會因高溫烹煮而消失,所以人類食用了這些感染貝類後會中毒,出現麻痺和噁心的現象。

　　貽貝的種類很多,位在緯度如北歐、北美和中國北部沿海產的"Mytilus edulis"是貽貝,日本沿海至中國福建沿岸是"Mytrius cassiterta"的"厚殼貽貝",至於廣東沿岸南海一帶出產的"Perna viridis"的翡翠貽貝。以上三種貽貝的區別是,貽貝的貝殼呈楔形,比較嬌小,殼厚而短;厚殼貽貝殼長楔形,殼厚而長,外觀棕黑色;翡翠貽貝則外觀翠綠色,香港人吃的青口就是這品種。

藍青口:養殖青口味道淡而甜味弱,不過,勝在水質好,乾淨沒有沙,加拿大和紐西蘭的青口肉厚而碩大,法國青口小而黑色,甜味很好,肉小。

學名: *Corbicula fluminea*

蜆

英文: Calm
粵音: Hin

香港: 沙蜆、黃沙蜆、本地蜆、花蜆
中國: 蛤蜊
台灣: 蜆介、蜊仔、海瓜子蛤

分佈 朝鮮、日本、越南、巴基斯坦、印度和中國沿岸

生長條件 / 習性

棲息/出沒: 淡水或半鹹淡水的沙泥質											
食糧: 細藻類、浮游生物											
水深層: 1~10米											
當造期: 全年皆有供應,6~10月為盛產期											
1	2	3	4	5	6	7	8	9	10	11	12

蜆為底棲性貝類,活動量很低,當水溫在攝氏15℃以下生長停頓,攝氏18~22℃時生長緩慢。一般情況下,蜆會潛藏在沙泥中以躲避敵害,幼蜆棲息於1~2厘米底質深度,大蜆則可潛居於2~20厘米,尤以2~5厘米範圍內的分佈最多,移動與潛沙動作皆由斧足進行,一旦潛入沙中便不太移動了。牠們的濾食機制由殼後端的入水管開始,水流經鰓絲、唇瓣將食物送至口,然後濾食篩選。

前腹有一斧狀足

在足的兩旁是鰓

前端有閉殼肌;收縮時緊閉貝殼

外套膜在身體的後端延伸成兩條管子

身體背部(接近貝殼的連會處)是內臟圍

殼內面白色或青紫色;肉質柔軟細緻

出水管(上),入水管(下)

食味 肉質嫩滑細緻,味道鮮甜帶點鹹味,淡水蜆的肉質比較潔白。肉質肥美、色白質脆、蜆味鮮香。

烹調 煎、炸、醃漬成鹹蜆醬

狀況

價錢

備註
含有膽固醇外,還含有豐富維他命B$_2$、膽鹼、氨基酸、肝醣及微量的鋅元素。

海瓜子（波紋橫簾蛤）

粵名：*Paphia undulata*

英文：Little-neck Clam (Venus clam, Hard clam)

粵音：Hoi Gua Sze

香港：海瓜子、彩蝶、西施舌
中國：波紋巴非蛤、西施舌
台灣：山瓜仔、巴非蛤

分佈：印度、馬來西亞、韓國、中國、台灣

生長條件 / 習性

| 棲息/出沒：潮間帶至潮下的泥沙底 |
| 食糧：細藻類、浮游生物 |
| 水深層：5~30米 |

當造期：

1	2	3	4	5	6	7	8	9	10	11	12

海瓜子為濾食性動物，利用出入水管濾食沙層上的食物，並愛棲息於潮帶，大多潛藏在沙層在沙層中，夏季棲於淺沙層中，冬季就會潛入較深的沙層中。殼最長可達5厘米。

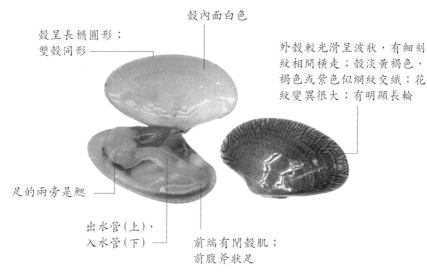

殼內面白色

殼呈長橢圓形；雙殼同形

外殼較光滑呈波狀，有細刻紋相間橫走；殼淡黃褐色、褐色或紫色似網紋交織；花紋變異很大；有明顯長輪

足的兩旁是鰓

出水管（上），入水管（下）

前端有閉殼肌；前腹斧狀足

通識百寶箱

需要察看水質才買海鮮？

各大水產品批發市場、超級市場、各大酒家都有出售海鮮，然而貝類從產地到市場售銷，中間環節應有暫養、殺菌過程，確保衛生安全。一般暫養貝類自的身體積存了淤泥，於是通過排泄進行清腸，再轉到暫養循環水，然後排到池外，保持水質流暢清澈，同時地進行殺菌工序：(i)臭氧進行間隔式殺菌；(ii)紫外線照射殺菌，可以交替進行，暫養與殺菌過程需在7~10天，才可以把貝類上市，所以水缸清澈。

花蛤

粵名·*Rudiiapes philippinarum*

英文：Venus Clam, Hard Clam, Filipino Venus

粵音：Far Gap

香港：車白、貴妃蚌、車螺、黃蛤、海蛤、文蛤、菲律賓簾蛤、花甲

中國：海瓜子、花蜆子

台灣：蚶仔、粉蟯、大蟯仔

分佈	日本、中國東南沿海及台灣海峽

生長條件 / 習性											
棲息/出沒：淺海、河口的沙灘、泥地											
食糧：浮游類生物、藻類											
水深層：0~10米											
當造期：											
1	2	3	4	5	6	7	8	9	10	11	12

花蛤為底棲類水產，多在淺海、河口等沙灘、泥地上，活動力不強，以浮游物、藻類為食，斧足發達，可穴居棲，漲潮會遊至灘面，用水管呼吸、攝食和排泄；退潮或受到威脅，會緊閉雙殼，退回穴底，在灘面上留下兩個由出、入水管形成的孔。由於適應力強、生長迅速，養殖週期短，故產量大，經濟效益亦高。

外殼光滑，色彩艷麗

紋路美麗多變

兩片殼形狀
大小相同

 清甜多汁，肉感細膩滑嫩。
食味

   蒸、煮、快炒、油爆皆可
烹調

狀況

價錢

漁夫教路

花蛤外殼形狀多變，有卵圓形、三角形和橢圓形等，兩邊殼一樣，外殼光滑有生長輪，花紋亦多種多樣，而裏面則白色，有珍珠光彩。最大的殼長可達5厘米。養殖花蛤因水流平靜，外殼會有泥苔，而野生則色澤光鮮亮麗。

文蛤

學名：*Meretrix lusoria*

英文：Japanese Hard Clam (Poker-chip Venus)

粵音：Mon Gap

香港：車白、貴妃蚌、車螺、黃蛤、海蛤、菲律賓簾蛤

中國：麗文蛤

台灣：粉蟯、蚶仔、麗文蛤

分佈 中國、日本、台灣、菲律賓

生長條件 / 習性

棲息/出沒：淺海、河口的沙灘、泥地
食糧：浮游類生物、藻類
水深層：0~10米
當造期：

1	2	3	4	5	6	7	8	9	10	11	12

文蛤為底棲類水產，常和花蛤混淆。多在淺海、河口等沙灘、泥地上，活動力不強，以浮游物、藻類為食，斧足發達，可穴居棲，漲潮會遊至灘面，用水管呼吸、攝食和排泄；退潮或受到威脅，會緊閉雙殼，退回穴底，在灘面上留下兩個由出、入水管形成的孔。由於適應力強、生長迅速，養殖週期短，故產量大，經濟效益亦高。養殖花蛤因水流平靜，外殼會有泥苔，而野生則色澤光鮮亮麗。

後端有明顯黑色卵圓形紋理；殼色變化極大，有深灰色、深褐色、米黃色、白色

殼呈卵圓而約略三角形；前端短圓但後端三角形；殼頂偏向前端；前端有清晰梨形

殼內面為瓷白色

表面平滑，斑紋有放射紋、波浪紋、點狀紋或不規則斑紋(大部分均有自殼頂射出的八字紋)

肌肉呈斧形；肉色半紅半白

食味 味道鮮甜、肉質柔嫩。

烹調 爆炒、快煮、滾湯

狀況

價錢

備註

故稱文蛤，是因為貝殼表面光滑，佈滿美麗的紅、褐、黑等色花紋。

蜦蚶

粵合：Tegillarca granosa

英文： Ark Shell , Granular Ark (Blood Cockle)

粵音： Si Hum

香港：獅蚶、泥蚶
中國：泥蚶、血蚶、粒蚶、魁蚶、雪蚶
台灣：血蚶、魁蚶

分佈 印度洋和西太平洋，主產自東南亞沿海國家

生長條件 / 習性											
棲息/出沒：海口內灣或河口潮間帶的軟泥灘											
食糧：矽藻類和有機碎屑											
水深層：0~30米											
當造期：一年四季皆有出產，冬天為當令											
1	2	3	4	5	6	7	8	9	10	11	12

蜦蚶殼硬厚，如扇形，表面有明顯放射性紋路，為發射肋，約三四十條，殼尖向內捲曲，如鳥嘴，肉柱紫赤，多血，味極鮮美，故名血蚶；但又因殼色雪白，又被稱「雪蚶」。獅蚶還有其它兩種，一種殼上有毛，為毛蚶，另一種體型稍小，味道更鮮嫩，為銀蚶。

兩殼相等呈卵形；白色外殼極堅硬兼有褐色薄皮；外形呈膨脹狀卵圓形；生長線明顯

內殼呈灰白色

肉呈鮮紅色；前後閉殼肌發達，鉸合齒細密呈片狀列成一排

表面20條放射肋發達；肋上具有明顯顆粒狀結節；邊緣與殼面有對稱的放射肋的深溝

 食味 肉厚肥美，肉嫩而爽，尤其蚶血，甘鮮美味。

 烹調 煮、炒

 狀況

 價錢

漁夫教路

蜦蚶殼硬厚，如扇形，表面有明顯放射性紋路，為發射肋，約三四十條，殼尖向內捲曲，如鳥嘴，肉柱紫赤，多血，味極鮮美，故名血蚶；但又因殼色雪白，又被稱「雪蚶」。獅蚶還有其它兩種，一種殼上有毛，為毛蚶，另一種體型稍小，味道更鮮嫩，為銀蚶。

粵名：*Strombus luhuanus*

跳螺

英文： Blood-mouthed stromb
粵音： Till Lo

香港：籬鳳螺、雞鳳螺，紅口螺
中國：石螺
台灣：石螺

分佈 東太平洋、香港

生長條件 / 習性											
棲息/出沒：潮間帶的巖礫質或砂質底											
食糧：浮游生物、藻類、有機碎屑											
水深層：0~10米											
當造期：全年均有供應											
1	2	3	4	5	6	7	8	9	10	11	12

跳螺屬熱帶和亞熱帶水產，雌雄異體，殼白底有淺棕色紋路，黑色軸唇，略帶橙紅，殼口鮮紅，具前、後水管溝，外唇寬厚，前端常有虹吸道。殼邊近前端呈鋸齒狀。

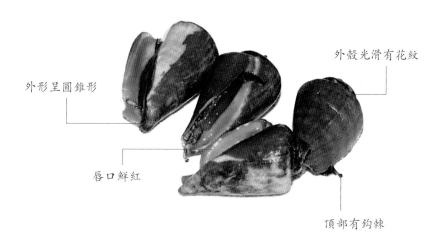

外形呈圓錐形

外殼光滑有花紋

唇口鮮紅

頂部有鈎棘

食味　肉質柔韌，有淡淡的水草味、味甘鹹。

烹調　白灼、酒煮、燒烤

狀況　

價錢　

備註
跳螺性寒，脾胃虛寒之人忌食。

石螺（花螺）

粵名：*Babylonia areolata*

英文：Pond Snails
粵音：Shek Lo

香港：環稜螺、石螺、方斑東風螺、花螺
中國：方斑東風螺、石螺、花螺、海豬螺、南風螺
台灣：小鳳螺、風螺、皇螺、象牙螺、鳳螺、花螺

分佈：中國、台灣、日本、泰國

生長條件 / 習性											
棲息/出沒：淺海且為軟泥或沙泥質的海底											
食糧：藻類、苔蘚等水生植物											
水深層：5~30米											
當造期：一年四季皆有出產											
1	2	3	4	5	6	7	8	9	10	11	12

石螺的活動具有日伏夜出的習性，白天潛伏在沙泥中卻只露出水管，夜間外出攝食，愛用匍匐爬行展開活動，並借助腹足分泌的粘液滑行移動身體，具有明顯的遷移習性。類似蝸牛，殼硬而厚，內部為肉身，體形按硬殼的形狀生長，因此抽出時會呈螺絲狀。殼口有硬片，呼吸、獵食或行動時會微微開合。

有5-6個膨大的螺層；無副螺層

殼呈卵錐形或紡錘形；螺溝清晰而完整；殼表光滑呈白色

貝殼形狀為，螺塔高，螺層相當明顯，各螺層呈現階梯狀

各層散佈着排列不規則之紅褐色斑紋

食味　肉質清爽帶點硬實，味道鮮甜回甘，海東風螺鮮味十足，肉爽脆不韌。

烹調　焯、煮，切忌過火令肉質變韌

狀況

價錢

大口螺

海石螺

魷魚

學名：*Loligo chinensis*

英文：Squid

粵音：Yau Yue

香港：魷魚
中國：柔魚、槍烏賊
台灣：鎖管、小捲、柔魚

分佈：中國、台灣、菲律賓、越南、泰國、日本、韓國

生長條件 / 習性

棲息/出沒：淺海且為軟泥或沙泥質的海底

食糧：魚類、甲殼類

水深層：20~100米

當造期：

1	2	3	4	5	6	7	8	9	10	11	12

魷魚為肉食性的群居軟體動物，是游泳健將，某些品種甚至可以「飛」出水面一小段距離，夜晚喜光，故沿海漁民捕捉時，用汽燈光引誘其浮上水面，再用網撈迅速從其後堵住逃走方向，將其捕捉。一般壽命有一年，在春季到秋季為產卵期，一般會由數隻體型較大的公魷，領頭，交配後，把產下的受精卵放在沙質海床上。

肌纖維的收縮與舒張可令色素細胞的顏色深淺起變化

全身為淺粉色

白肉

貝殼退化

透明

眼睛直接暴露，沒有薄膜蓋着

頭大

食味 體色潔白，肉質脍軟帶潺液，富彈性，味道鮮甜帶微鹹，散發海洋味道。

烹調 焯、炒、燒、蒸、煮、炸、焗、釀、烤、曬乾

狀況

價錢

本地吊片

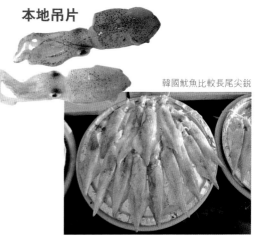

韓國魷魚比較長尾尖銳

墨魚

英文：Cuttle Fish
粵音：Mak Yue

香港：烏賊、墨魚、花枝
中國：金烏賊、花枝
台灣：真烏賊、花枝、目賊、烏子

分佈	中國、台灣、韓國、日本、新加坡、香港

生長條件 / 習性

棲息/出沒：海灣或有豐富隱蔽物的環境

食糧：魚類、甲殼類

水深層：20~100米

當造期：

1	2	3	4	5	6	7	8	9	10	11	12

墨魚是溫帶和亞熱帶、熱帶海域的軟體動物，當遇到敵人時會噴射墨汁逃生，趁混濁烏水而伺機離開。牠的皮膚中有色素小囊，會隨其情緒變化而改變顏色和大小。春末交配，並把受精卵產在木片或海藻上待孵化成小墨魚。

胴體身稍扁，呈卵圓形

胴背為淺黑色帶斑點；肌纖維的收縮與舒張可令色素細胞的顏色深淺起變化

四對較短，每腕足長有四行吸盤

透明

另一對腕很長，吸盤僅在頂端

白肉：隱約有閃閃光澤

食味

體色潔白，肉質軟帶潺液，富彈性，味道鮮甜帶微鹹，散發海洋味道。

烹調

焯、炒、燒、蒸、煮、炸、焗、釀、烤、刺生、曬乾

狀況

價錢

漁夫教路

在海鮮酒家門口的魚缸裏養活墨魚。

學名：*Octopus vulgaris*

章魚

英文：**Octopus**
粵音：**Cheung Yue**

香港：八爪魚、章魚
中國：章魚、石居、八帶魚
台灣：八爪魚、章魚

分佈	中國、台灣、韓國、日本、新加坡、香港

生長條件 / 習性

棲息/出沒：海灣或有豐富隱蔽物的環境
食糧：魚類、甲殼類
水深層：20~100米

當造期：

1	2	3	4	5	6	7	8	9	10	11	12

章魚都生活在海底的洞穴，具折肢重生的能力，體內的色素細胞能令自身變色，每當遇上危險就靜止不動或是噴射墨汁，伺機逃避敵人及獵食。牠們可連續6次往外噴射，約需半小貯備墨汁。這墨汁具化學成分和蛋白多糖複合體，能麻痹敵人，卻對人類無害兼可食用。交配後，雌性章魚會，並用吸盤把受精卵處理乾淨，待4~8週幼體孵出變成幼章魚，隨浮遊生物漂流數周，然後沉入水底隱蔽。

表皮膜呈粉紅色、黃褐色或褐色

兩側有一對發達的眼

身體柔軟；沒有內殼

全身滑不溜手；帶有光澤

8條腕足具240個吸盤

食味　體色潔白，肉質清爽有嚼勁，彈性十足，味道鮮甜帶微鹹，散發海洋味道。

烹調　焯、炒、燒、蒸、煮、油漬、酒漬、烤、刺生、曬乾

狀況　

價錢　

備註
雄章魚有一條專門用來交配的腕，稱為交接腕。

爛肉梳

粵音：Elops machnata

英文：Chinese Ten-pounder
(Tenpounder, Ladyfish)

粵音：Laan Yuk So

香港：爛肉疏、海鰱、硬死貓、游刀海鰱
中國：大眼海鰱、圓頜北梭魚
台灣：海鰱、肉午、瀾糟、北梭魚

分佈 台灣、香港、日本、馬來西亞、印尼、菲律賓、泰國、新畿內亞、澳洲

生長條件 / 習性											
棲息/出沒：海灣、河口、砂泥地											
食糧：浮游生物、小魚類、甲貝類											
水深層：水深1~30米深處											
當造期：											
1	2	3	4	5	6	7	8	9	10	11	12

　　爛肉梳屬亞熱帶外洋性洄游魚類，喜於日間或夜間作群體巡游。成魚於春夏間的外海產卵，產量較豐。其幼魚變成魚需經柳葉形變態，全身透明，浮游於沿岸的淺水域及河口區，由於小魚對周邊環境污染物十分敏感，可作水質或環境測試的指標。一般體長為20~40厘米較常見，可長可達1米。

胸鰭呈大三角形

體色呈銀白色；體被小型的圓鱗

頭方形而無鱗、口大吻長

體延長而側扁；各鰭呈灰白色而無斑點

尾鰭呈深叉狀，兩葉延長

 食味 肉質粗糙，一梳梳的魚肉豐厚鬆散，多刺，魚味淡。

 烹調 煎、炸、醃漬成鹹魚

 狀況

 價錢

大青鱗

粵音 *Magalops cyprinoides*

英文：Indo-pacific Tarpon (Ox-eye Herring)
粵音：Tai Ching Lun
香港：大青鱗，扁竹魚
中國：大海鰱
台灣：大眼海鰱、海鰱、草鰱、粗鱗鰱

分佈 南非、韓國、澳洲

生長條件 / 習性											
棲息/出沒：暖水域											
食糧：小魚類、甲貝類											
水深層：水深1~30米深處											
當造期：全年(夏季最多)											
1	2	3	4	5	6	7	8	9	10	11	12

大青鱗生活於暖水域的中大型表層魚，屬熱帶或亞熱帶的洄游性，游泳迅出，其適應環境的能力很強，並以泳鰾作輔助呼吸器官。 幼魚會發生柳葉形變態的行為，呈現細頭狹帶型，全身透明，浮游於沿岸淺水域、半鹹淡的河口區、內灣或紅樹林，待變成魚愛獨居，並游到海洋生活。牠的體長一般為20~50厘米，可達90厘米。

體被大而薄的圓鱗；腹部無稜鱗；單一背鰭

最後一鰭條延長成絲狀

體延長而側扁，體稍高；具喉板

背鰭與尾鰭邊緣暗

體背呈青灰色；腹部呈銀白色；吻端呈青灰色而各鰭呈淡黃色

食味　肉質粗糙，一梳梳的魚肉豐厚鬆散，多刺，魚味淡。

烹調　煎、炸、醃漬成鹹魚

狀況　

活年輕大青鱗

價錢

庵釘

學名 *Arius maculatus*

英文：Sea Catfish; Spotted Catfish
粵音：Am Ting

香港：庵釘、花柳魚
中國：斑海鯰
台灣：斑海鯰、成仔魚、成仔丁、海虱魚、臭臊
　　　成、鰻鯰

| 分佈 | 印度、斯里蘭卡、巴基斯坦、中國、台灣 |

生長條件 / 習性											
棲息/出沒：暖水域、砂泥底、近海沿岸或河口											
食糧：小魚類、無脊椎動物											
水深層：水深10~100米深處											
當造期：全年（春夏季最多）											
1	2	3	4	5	6	7	8	9	10	11	12

庵釘屬熱帶及亞熱帶沿岸之底棲性魚類，喜愛在夜間活動和覓食，即夜行性魚，會自己築洞而居的習慣，偶會集結成群。由於牠的背、胸鰭硬棘前後緣皆具鋸齒，甚為鋒利而形似鐵釘，含毒腺以防止其他魚類攻擊的防衛利器，驟眼看與雞泡魚倒有幾分神似。最長可達80厘米。

體背呈藍褐色；腹部呈銀灰色且具暗色斑點

背鰭及胸鰭第一棘粗壯，邊緣呈鋸齒狀，硬棘具毒腺

各鰭略偏黃

尾鰭深叉形

頭中大而略扁，口大而吻部略尖；凸出的上頜於口角有鬚1對而下頜鬚2對

體延長，腹部圓，後半部側扁；體無鱗，黏液膜易落

食味　魚肉腥味較重，略帶甜味，肉質幼滑。

 烹調　煎、炸、燜、煮、蒸（但需用辟腥提味的配料改善魚腥的味道）

 狀況

 價錢

通識百寶箱

庵釘魚是"花柳魚"？

庵釘魚在90年代活躍於新界西北沿海，產量頗多，許多時群集生活，吃腐爛食物的雜食魚，並愛棲息於淡水交界，生活環境特殊又污穢的"埋寨"地區，因其食物不純潔故肉含毒素，如非健康者，患有皮膚病或暗病者就不宜沾箸，因容易有"翻發"的可能，故又稱"花柳魚"。

漁夫教路

庵釘魚是雜食性魚類，食物內包含死魚腐肉，故肉質含重腥味帶點臭味，卻帶甜味，新界人一般會去掉其毒刺和內臟，作滾湯用，並用重薑或葱辟味。再者，魚肉的特質經烹調後久放後變堅實，所以他們會以辣椒蒜茸鼓汁燜煮，隔一夜才吃，味道濃郁又入味。近年東南亞也大量養殖，去皮拆骨變成魚柳出口，但一些不法商人為了增加產量和趕快成魚，會以抗生素餵食，故購買時以大型兼有信譽的公司，比較安全。

鱠白

英文：Elongate Ilisha (Chinese Herring, Long-finned Herring, Slender Shad, White Herring)

粵音：Chao Pak

香港：曹白、鰳魚
中國：鰳、長鰳
台灣：長鰳、白力、曹白魚、吐目、鰳魚

分佈	印度、馬來西亞、印尼、日本、韓國、蘇聯、台灣

生長條件 / 習性
棲息/出沒：近海沿岸
食糧：小魚類、浮游動物、甲貝類
水深層：水深5~20米深處
當造期：

1	2	3	4	5	6	7	8	9	10	11	12

鱠白屬暖水性中上層，近海洄游魚類，日間喜愛群游於近海的中、下層海域，到了黃昏、晚上或陰天則活躍於中、上層海域，偶會進入河口區或鹽度較低海域，游泳迅速。到了繁殖期，牠們會群游到近海交配，其懷卵量一般為14萬粒，魚卵帶浮性。產卵後就分散於水的上層，進行索餌。幼魚以浮游動物為食；成長後則改捕食小魚類、頭足類、甲殼類及多毛類。最長可達40.5厘米。

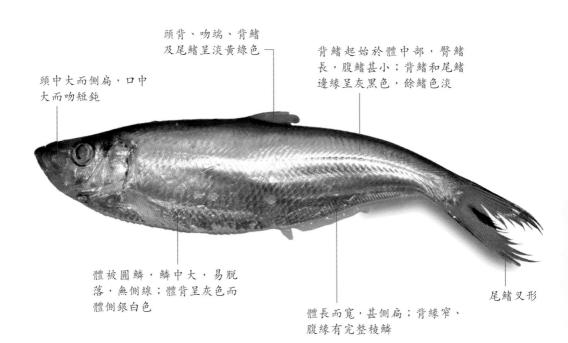

頭背、吻端、背鰭及尾鰭呈淡黃綠色

背鰭起始於體中部，臀鰭長，腹鰭甚小；背鰭和尾鰭邊緣呈灰黑色，餘鰭色淡

頭中大而側扁，口中大而吻短鈍

體被圓鱗，鱗中大，易脫落，無側線；體背呈灰色而體側銀白色

體長而寬，甚側扁；背緣窄、腹緣有完整稜鱗

尾鰭叉形

肉質幼滑細緻，鮮甜可口，惜肉纖薄，粗和幼魚骨極多。（考驗吃魚者是否有能耐和懂吃，容易鯁骨。）

煎、炸或製成鹹魚

看鱠白魚的鱗片能知捕捉方法？

鱠白魚在海鮮市場沒有鮮活貨，因其屬"見光死"。從魚體鱗塊的整齊與否，可看出撈捕方法的差異。鱗塊完整無缺，外表閃閃生光的，是漁民用"手釣"得來的漁穫，又稱"釣扁"；鱗城脱不全而色澤暗啞，就用上"拖網"方法，稱"網扁"。所謂"扁"是漁民喻意魚腹如刀，其身扁平的意思。其魚鱗的完整性直接影響到鹹魚製品的優劣品質。

在農曆三月是鱠魚懷卵期，這正是漁汛時期，行內人稱"鱠白水"，商人會大量入貨，以醃製成鹹魚，出口國外，坊間能買到的，只有小尾和貨品不多。這種魚在懷卵時，特別肥美鮮香。過時了魚汛，魚卵因"散齽"後而瀉去，魚體脂肪與養分盡失而變瘦削，可清蒸或豉汁蒸，漁民多作鹹魚，可把它煎香，配噲汁和鮮檸檬汁蘸吃，美味非常。

紅衫魚

粵名 *Nemipterus virgatus*

英文：Golden Threadfin Bream, Golden Thread

粵音：Hung Sam Jyu

香港：長尾紅衫、紅衫魚
中國：金線魚
台灣：金線魚、黃線、金線鰱、紅衫魚、黃肚仔

分佈 日本、澳洲、泰國、越南、中國、台灣、韓國、印尼、菲律賓

生長條件 / 習性
棲息/出沒：沙泥底質、岩礁或珊瑚礁
食糧：小魚類、頭足類、甲貝類
水深層：水深40~220米深處
當造期：

1	2	3	4	5	6	7	8	9	10	11	12

紅衫屬深水魚類，可棲息的水深至220米，泳速極快，行動敏捷，並常以一游一停的方式游動。其性成熟為體長10厘米，踏入繁殖期便常結伴群游，每年的2月~6月牠們的產卵期，中國會在2~4月，台灣就在5~6月等，各地域略有差異。幼魚則居於較淺水區，生活於18~30米，成長後才游到深海。一般長度為23厘米，最大長度為35厘米。

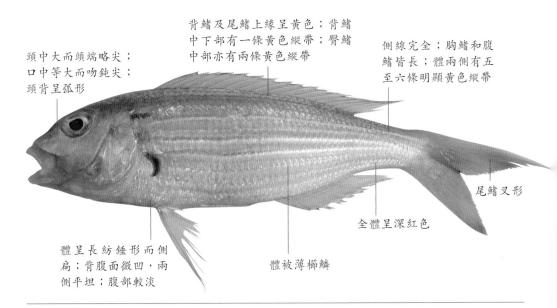

頭中大而頭端略尖；口中等大而吻鈍尖；頭背呈弧形

背鰭及尾鰭上緣呈黃色；背鰭中下部有一條黃色縱帶；臀鰭中部亦有兩條黃色縱帶

側線完全；胸鰭和腹鰭皆長；體兩側有五至六條明顯黃色縱帶

尾鰭叉形

全體呈深紅色

體呈長紡錘形而側扁；背腹面微凹，兩側平坦；腹部較淡

體被薄櫛鱗

木棉魚和紅衫魚雜交種，樣子有點怪怪的。

瓜衫

身形是身短肚闊，圓嘟嘟的樣子。

食味　白肉魚，肉質柔軟，味道清爽。

烹調　煎、炸、熬湯、燒烤、紅燒、扒煮

狀況

價錢

通識百寶箱

　　紅衫魚屬深水海魚，雄性紅衫魚是退化性雌雄同體，意即雄魚同時擁有雄性生殖器官及退化的雌性卵巢，故雄性魚成長快於雌性魚，體型也較大。漁民會採用被延繩釣法，在漁場放置附有多條支繩的主幹繩，每條支繩均繫有多個含餌魚鉤來誘捕魚，所以在市場上看到大條的紅衫魚會附有魚鉤於嘴上，體長也較大。至於採用網捕後因水壓變化而死亡，所以紅衫魚都是冰鮮為主，體型比較少，活魚少見。

漁夫教路

　　在上世紀60年代後期，香港的魚穫多至7,000噸，體型大，然而近年難於找到30厘米以上的紅衫了，還因為大量濫捕魚穫大減，並由世界自然保護聯盟改建議為避免吃用的品種，以保育讓其有機生存不致滅種，消失世上。市面上有紅衫和瓜衫，一般人容易混淆。瓜衫（Nemipterus japonicus）（Japanese Threadfin Bream）與紅衫很似，區別在紅衫的

（上）金線長尾紅衫
金線長尾紅衫魚的背部有閃的紫色，體長修長而纖瘦。

臀鰭條8，背鰭外緣及腎鰭近外緣具一黃色條紋；瓜衫的腎鰭條7，體型較小，一般在15厘米以下，頭部比較橢圓，不懂魚的人士很易混淆兩魚。

金鼓

鱲仔 Scatophagus argus

英文：Argus Fish (Spotted Scat, Spotted Butter Fish)

粵音：Kam Koo

香港：金鼓
中國：金錢魚、變身苦
台灣：金錢魚、變身苦、黑星銀

分佈 日本、印度、斯里蘭卡、柬埔寨、泰國、越南、中國、台灣、香港、韓國、馬來西亞、新加坡、印尼、菲律賓、澳洲

生長條件 / 習性
棲息/出沒：岩礁、內灣、沙底、紅樹林或河口區
食糧：甲殼類、食物殘渣、水棲昆蟲、藻類
水深層：水深1~4米深處
當造期：全年（春夏最當造）

1	2	3	4	5	6	7	8	9	10	11	12

花　金鼓是雜食性的底棲魚類，貪吃，尤以藻類的碎屑較合其脾胃，一般是喜群體生活，由十數隻或數十隻組成，活躍於沿岸較淺水，但因其對鹽份適應能力極佳，故亦是廣鹽性魚類。幼魚出現於淡水及鹹淡水，成魚就會游於混濁淺水內海。香港新界西北地區的后海灣，以及珠江流域下游與澳門均現有芳踪。最大體積可達38厘米。

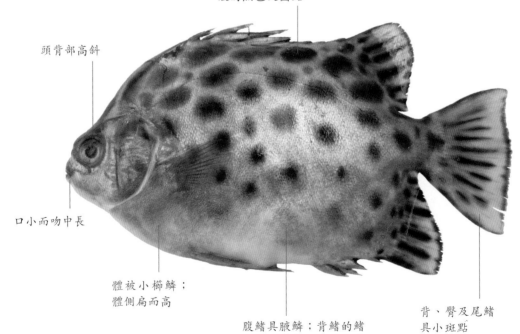

體呈褐色，腹緣呈銀白色；身披18顆拇指般的黑色大圓點

頭背部高斜

口小而吻中長

體被小櫛鱗；體側扁而高

腹鰭具腋鱗；背鰭的鰭條部、胸與尾鰭均被鱗

背、臀及尾鰭具小斑點

食味　刺少厚肉，肉質細嫩鮮美，有點回甘帶苦。

 烹調　滾湯、香煎、清蒸，因肉質含微苦，故會以果皮清蒸。

 狀況　 |

 價錢　

備註
1. 幼魚呈紅黑色，具黑色垂直帶，其體側黑斑多而明顯。
2. 背鰭及臀鰭之鰭棘有毒。

 通識百寶箱

金鼓魚的魚膽是塊寶？

　　水上漁民很愛吃這魚，一般會以鹽水浸煮，保持原汁原味，但為了辟腥會添加少量果皮添香除味。金鼓魚一般肥美肉厚，韌皮者少，偶而遇之者就是身型相當瘦削者才有可能出現韌皮。不可不提，部份漁民相信金鼓魚膽有明目去翳，治療風濕與感冒的特效，會取膽食用。從科學角度解釋，任何魚膽是分解毒素的器官，所以均含有毒物質，能夠使人體腎小細胞中毒和壞死，破壞腎臟排泄小便的功能，使體內的廢物不能排出，反而導致自身中毒，所以不可亂服，要是割破魚膽會令魚肉變苦，必須徹底清洗方可進食。

漁夫教路

　　中國廣東、香港和澳門沿海一帶均有出產金鼓魚，肉質細緻嫩滑，品質很好；至於太平洋和印度洋也有出產，相較於前者，其肉質略顯粗糙，不夠滑嫩，食味略遜一籌。與眾不同之處是來自其鰭鱗部份，堅硬而含毒腺的鰭棘，不慎被刺，會感到痛楚莫鳴，所以魚諺："上山老虎，落水金鼓"便可知牠的利害。再者，牠的纖細鱗塊存有甘苦味道，要是沒有把它徹底清除，苦味仍在，就算清理掉也只是把苦味減低，這亦是品嚐此魚的特點，吃罷滿口生津，感覺良好。現在已有養殖，不過只是與經濟魚種混養。

白頸老鴉（金皿蘿）

英文：Silverflash Spinecheek;
Whitecheek Monocle Bream
粵音：Pak Geng Lo Wwa

香港：白頸老鴉、白頸鹿
中國：伏氏眶棘鱸
台灣：伏氏眶棘鱸、白頸赤尾冬、紅海鯽、海
鯽、赤尾冬仔

分佈 印度，非洲，日本，台灣，澳洲

生長條件 / 習性											
棲息/出沒：岩礁、沙底											
食糧：小魚類、棲底無脊椎動物											
水深層：水深2~25米深處											
當造期：											
1	2	3	4	5	6	7	8	9	10	11	12

金皿蘿屬於暖溫上層魚，水溫約23~26℃，喜愛獨居，故不常見群集一起，一般會獨立出現，或是十數尾集體活動，在水中游走，常會以一游一停的方式前進，故泳速不快，由於時常一尾活動，故被捕捉的數量不多，因樣子趣怪又肥嘟嘟，人們會視作觀賞魚。其體長可達25厘米。

鰓蓋一條白色寬紋，由頭背部一直延伸至頰部，鰓膜深紅色

各鰭內側呈橘褐魚；外側黃色

眼大，口和吻皆中大

頭端尖細，頭背幾成直線；頭部鱗域向前伸展至前鼻孔

尾鰭上下葉不呈絲狀延長

體橢圓形而側扁；體被大櫛鱗；體呈褐紅色

食味　魚肉潔白，纖維細嫩，肥美可口但魚味清淡。

 烹調　滾湯、香煎、清蒸或紅燒，因其腹部的消化道常混有泥沙，需要徹底處理

 狀況

 價錢

備註

其吻部有些個體為白色，而尾柄及尾鰭為黃色，相當易辨識。

通識百寶箱

為甚麼不是每種魚都能在深海生活呢？

　　水越深，壓力越大，而深海魚的身體裏沒有氣體，只有水和油脂，油脂是比水還輕的物質，所以不受水壓影響。而在淺海的卻是靠氣體來漂浮的，所以受不住深海的壓力。

漁夫教路

　　白頸老鴉魚的魚穫量不多，愛好潛水者只視作觀賞魚，甚至帶回家飼養，美化魚缸。漁民則視為桌上美味，其肉鮮嫩柔滑，纖維細緻，魚身肥美，刺骨少而肉厚，加上色澤美麗，故採用清蒸處理，愛其啖啖魚香，油脂肥美，這與物以罕為貴，產量不多，反而成為漁民眼中珍品，加上皮薄肉厚，香味介於淡中帶甘甜，其實牠的肉味有點像星斑，只是略實一點。

俗稱 *Sphyraena barracuda*

竹簽（海狼）

英文：Great Barracuda
(Commerson's Sea Pike)

粵音：Hoi Long

香港：海狼、竹簽
中國：大魣
台灣：巴拉金梭魚、金梭、竹梭

分佈	東太平洋外，全世界各熱帶、亞熱帶海域均有分佈

生長條件 / 習性

棲息/出沒：岩礁、沙底、河口或鹹淡水交匯
食糧：小魚類、偶吃頭足類
水深層：水深1~100米深處
當造期：

1	2	3	4	5	6	7	8	9	10	11	12

竹簽魚屬溫、熱帶的大型掠食性魚類，單獨或群體活動，性格兇猛，游泳速度極快，時速可達 43公里 以上，喜歡攻擊逃竄中的獵物，即使對方體積與其相若，也會用尖銳牙齒撕開獵物。幼魚棲息在沿岸較淺水的岩礁；成魚則游到水面至中層的海。牠們極少游近水質混濁或能見度低的海域，但發光或反光飾物會吸引牠們注意，誤作小魚而發動攻擊。體長可達200厘米。

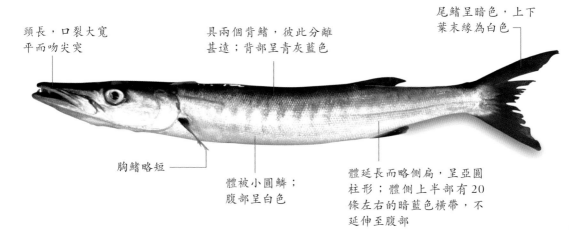

頭長，口裂大寬平而吻尖突

具兩個背鰭，彼此分離甚遠；背部呈青灰藍色

尾鰭呈暗色，上下葉末緣為白色

胸鰭略短

體被小圓鱗；腹部呈白色

體延長而略側扁，呈亞圓柱形；體側上半部有20條左右的暗藍色橫帶，不延伸至腹部

食味　魚肉灰白粗糙，肥美帶濃烈魚味。

烹調　滾湯、香煎、清蒸或燜煮

狀況

價錢

通識百寶箱

牠屬於大型食用魚，由於身體比較龐大，適宜切段油煎或紅燒。鑑於食物鏈的連鎖關係，可能會累積有熱帶海魚毒。

將軍甲

學名：Sargocentron rubrum

英文：Crown Squirrelfish, Redcoat
粵音：Cheung Kwan Gaap

香港：黃紋將軍甲、將軍甲
中國：點帶棘鱗魚
台灣：黑帶棘鰭魚、金鱗甲、鐵甲兵、瀾公
　　　妾、鐵線婆、黑帶棘鱗魚

分佈：東加、日本、新加勒多尼亞、澳洲

生長條件 / 習性											
棲息/出沒：岸礁、潟湖、海灣或港灣											
食糧：小魚類、甲貝類											
水深層：水深1~80米深處											
當造期：											
1	2	3	4	5	6	7	8	9	10	11	12

將軍甲屬泥礁或殘骸的珊瑚魚，一般會聯群結隊呼嘯於珊瑚間，也愛到較淺岩礁區活動。白天躲在珊瑚礁洞穴中休息，晚上則游出洞穴外覓食，食量驚人，能吞下與牠的身體相若的獵物，故屬夜行魚。

背鰭的硬棘部鰭膜全為暗紅色

體呈橢圓形，中等側扁；最上面的 2 條斑紋在背鰭的軟條部的基底末端相連成

頭部具黏液囊，外露骨骼多有脊紋；眼大

尾鰭深叉形

具同寬度的紅褐色與銀白色斑紋交互的體側；體側一般呈紅褐色，色澤和斑紋皆顯著；一細長深色斑點

臀鰭最大棘區為深紅色；胸鰭基軸無黑斑；腹鰭鰭膜全是深紅色

 食味　魚肉潔白，質地粗糙易爛，味甜。

 烹調　清蒸滾、湯、香煎（煮湯時肉易散開且多溶解油質，因此適合抹鹽油煎食用）

 狀況　

 價錢　

備註
1. 其內臟可能累積熱帶海魚毒，避免吃用。
2. 它的鱗片及棘刺銳利，小心刺傷。

粵名·Siganus fuscescens

泥鯭

英文：Rabbitfish
(Mottled Spinefoot)

粵音：Nai Maang

香港：泥鯭、蛛鯭
中國：褐籃子魚、雲斑籃子魚、疏網、傻瓜魚
台灣：長鰭籃子魚、臭肚魚、褐籃子魚、臭肚

| 分佈 | 韓國、澳洲、中國、台灣、印度、斯里蘭卡、緬甸、泰國、越南、台灣、香港、日本、馬來西亞、印尼、菲律賓 |

生長條件 / 習性
棲息/出沒：岸礁、珊瑚區
食糧：藻類、小型附着性無脊椎動物
水深層：水深1~50米深處
當造期：全年

1	2	3	4	5	6	7	8	9	10	11	12

泥鯭是熱帶的平坦底質淺水域或珊瑚礁區的魚類，在緯度較高的水域就轉移到岩礁區或淺水灣區。牠喜聯群活動，白天外出覓食，夜間則於底層休息，屬日行性魚。進入繁殖期，此魚會於夜間或零晨進行交配。漁民會捕抓幼魚，然後鹽漬成製品。

體被小圓鱗，頰部前部
具鱗，喉部中線無鱗

頭小。吻尖突，但不形
成吻管。眼大，側位。
口小，前下位

體呈長橢圓形，側扁，背緣
和腹緣呈弧形，尾柄細長

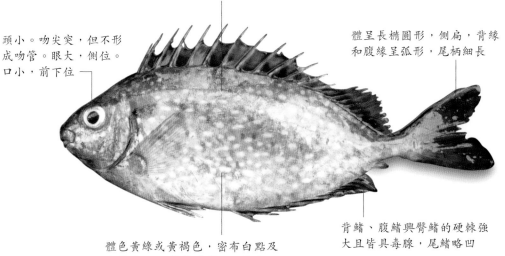

體色黃綠或黃褐色，密布白點及
小黑斑。一般長度為 20 厘米，
最大長度為 30厘米

背鰭、腹鰭與臀鰭的硬棘強
大且皆具毒腺，尾鰭略凹

淺水泥鯭

食味　肉質較粗，味鮮甜，如遇到牠生長在碼頭或污濁地方，偶有氣油或火水味道。

烹調　蒸、熬湯、熬粥、油鹽水浸熟、油炸或煎、鹽燒，大尾者也可以椒鹽

狀況

價錢

備註

碼頭常可釣到的刺毒魚，一般細泥蜢的毒性很弱，痛楚只會維持2至30分鐘，而大泥蜢的痛性則強得多，被刺中後傷口會腫起，痛楚能維持5至6小時。

魚類・藍子魚科

Siganidae

通識百寶箱

由於泥鯭以食用海藻為主，故其腸道有很的藻腥味，處理過程如不慎弄破魚肉也會留下藻腥味，影響到肉質的鮮美。

深水泥鯭（一字粗皮鯛），與泥鯭的外型差很遠，但肉質堅實豐厚，纖維幼細且爽口，味道鮮甜而濃烈。外表呈褐及淺啡色，生於20米水深的域，尾柄兩側各有一根尖銳的粗棘，外皮鞘包藏有毒腺，遭受他物侵襲時，會將棘豎起，作抗敵和襲敵。

沙鯭（黃鰭馬面魨）（Triacanthus blochii）（Leather Jacket），其外型與深水泥鯭相似，只是魚頭和嘴很不同，肉質也是雲泥之別，其肉似銀鱈魚，略為結實，只要不過火，吸飽調味汁，吃來也香爽和魚味濃郁，外國廚師以取魚肉作魚柳為主。

漁夫教路

香港俗語"泥鯭充石斑"，其外型和價錢與石斑相差甚遠，但處理得當，單食魚肉，幾可與石斑混淆，只是肉質略粗和味道帶點藻腥，才有這俗語流傳。話説捕捉泥鯭會用鐵絲網籠，設有「有入無出」的閘口，從雞籠變化而來，只要放在籠內放食物如油條或麵包類，置放據點，就可以一人操作多個泥鯭籠捕魚，既省錢又不傷魚身，只是小心捉魚，利用剪刀去掉毒刺，避免刺傷。

鯒魚 Girella melanichthys

冧蚌

英文：Rudder Fish, Sea Chub
粵音：Lam Pong

香港：黑瓜子鮫、冧蚌、黑毛、口太黑毛、粗鱗黑毛
中國：小鱗黑䰲、斑䰲
台灣：黑毛、黑瓜子䱥、菜毛、粗鱗黑毛、悶仔、粗鱗仔

分佈：越南、中國、香港、台灣、韓國、日本、菲律賓及夏威夷

生長條件 / 習性
棲息/出沒：沿岸岩礁區
食糧：藻類、小型附着性無脊椎動物
水深層：水深 1~30 米深處
當造期：11 月~12 月是產卵期

1	2	3	4	5	6	7	8	9	10	11	12

冧蚌是中表層魚類，屬日行性，即日間外出活動，晚間在洞中休息。牠生性機警，不易捕捉。在冬季以近岸繁生的藻類作主食，其餘季節則以中小型無脊椎動物為食。體長最大可達 50 厘米。

尾鰭末端凹入，上下葉略尖

頭背平直；頭短，吻鈍，唇較薄；眼中大或小，口小

體被中大櫛鱗，不易脫落

主鰓蓋後緣具黑邊；胸鰭基部有暗褐色斑，全身無任何色斑

體呈長橢圓形而側扁；體一致呈灰褐色至暗褐色

食味

魚肉潔白，纖維細嫩兼嫩滑，肥美可口，含魚香味。

烹調

清蒸、鹽水浸煮、煮湯、生魚片

狀況

 |

價錢

通識百寶箱

看天氣預知冧蚌的游踪？

　　天氣冷的季節會比較容易找到冧蚌踪跡，反而水溫偏高季節的海域，不見踪影。到了梅雨季節來臨時，海水降溫，冧蚌逐漸靠岸，所以也有"梅雨黑毛"的稱號。到了10月由現踪影，11月是其高鋒期，12月就逐漸減少，到了農曆3月為繁殖期，數量增。

漁夫教路

　　在60~70年代，冧蚌是貴價海魚，後轉為養殖，身價大跌，及後大量名貴海鮮上場，身價更是每況愈下。然而野生品種的肉質鮮嫩味美，仍在食肆不乏捧場客，就算現代的養殖魚，品質改善，魚肉細緻肥美，肉厚骨少，只是鮮味不足而已。養水魚的來源於東南亞的"飛機魚"，但香港離島海灣也養殖不少。海魚與養殖可從色澤和顏色區分，前者的顏色淺而鱗塊具閃亮光澤，魚身的流線形極具美態，蒸熟後魚肉嫩滑，魚味香濃；後者的色澤黝黑，神情木納，蒸熟後肉質粗糙，魚味淡。

冧蚌（*Girella mezina*），牠棲息於岩礁區，活動於1~30米的水域，屬日行性和雜食魚種，在10~4月期間當造，尤以2月~3月為產卵季。

魚類．舵魚科 Microcanthus strigatus · Kyphosidae

花�

英文：Stripey (Butterflyfish)
粵音：Fa Bing

香港：斑馬蝶
中國：細刺魚
台灣：柴魚、斑馬、條紋蝶

分佈 中國、夏威夷、台灣、日本、澳洲

生長條件 / 習性											
棲息/出沒：沿岸岩礁區、潟湖區											
食糧：藻類、小型附着性無脊椎動物											
水深層：水深1~10米深處											
當造期：											
1	2	3	4	5	6	7	8	9	10	11	12

花鰷屬肉食性的珊瑚魚，一般會以三五成群集游於海域覓食，偶然會與其他的魚類混集一起，降低被捕攝的危機，增加安全感。幼魚以浮游動物為食，成魚則以底棲動物為食。台灣中研院動物所所長的魚類學者邵廣昭説："過去因為牠的體型和蝶魚很像，所以也有人將牠併入蝶魚科裏面。 但後來發現它並沒有像蝶魚那樣有頭部被骨質板的仔魚期，所以就把它獨立為一科－柴魚科（scorpidae）。"體長可達16厘米。

側線完全，側線鱗數56~60；背、腹及臀鰭呈黃色；背及臀鰭呈黑色縱帶

體色為一致的黃色；體側具5條微斜的黑色縱帶

頭小而吻尖；眼較大、口小

尾鰭微凹、淡色

體高而側扁，呈長卵形；胸鰭淡黃色

食味　魚肉的纖維細嫩，魚味淡而帶微甜。

烹調　清蒸、鹽水浸煮

狀況

價錢

備註
牠的體色呈金黃，身上有4~6條黑褐色縱帶，造成強烈對比的黃黑相間，仿如斑馬，形態非常突出。

學名 Eleotris melanosoma (Gobiids)

林哥（鰕虎魚）

英文：Black Gudgeon
(Broadhead Sleeper, Goby)

粵音：Fa Jyu

香港：林哥仔、銀哥仔、鰕虎魚
中國：塘鱧
台灣：塘鱧、鰕虎魚

分佈 中國、香港、台灣

生長條件 / 習性											
棲息/出沒：沿岸砂泥底、河口區、紅樹林、潟湖區、港灣區、珊瑚礁											
食糧：藻類、無脊椎生物、甲貝類											
水深層：水深1~10米深處											
當造期：											
1	2	3	4	5	6	7	8	9	10	11	12

林哥魚是暖水性的棲底魚類，少數為浮游性，可適應熱帶及亞熱帶的鹹水、半淡鹹水及淡水中。牠們一般會單獨活動，但某些品種會與蝦類共同生活，互相扶持。其體幼長，頭部較鈍，胸鰭進化成吸盤狀，便於吸吮岩石爬行生活。林哥在河口處產卵，待仔魚成長就會游出海洋生活，其身形不大，一般約10厘米，體長可達近50厘米。

體延長，略呈亞圓筒形

頭大略平扁：口大或中大，端位

尾鰭圓形、截形或內凹

鰓蓋膜與峽部相連；體被櫛鱗或圓鱗；無側線

 食味 魚肉灰白，纖維細嫩略硬實，肥美可口，魚味甜美，肉質有點像沙鑽。

 烹調 滾湯、香煎、酥炸

 狀況

 價錢

粵名 Ctenotrypauchen Microcephalu (Paratrypauchen microcephalus)

紅鱣（紅支筆）

英文：Blind Goby (Comb Goby)
粵音：Hung Taan

香港：紅鱣魚、紅支筆、紅瀨、血瀨、（漁民叫赤瀨、木瀨）
中國：小頭櫛孔　虎魚
台灣：櫛赤鯊、小頭副孔　虎魚

分佈　中國、台灣、香港、澳門

生長條件 / 習性

棲息/出沒：河口區、紅樹林、半鹹淡水域、泥地
食糧：有機碎屑、無脊椎生物
水深層：水深1~10米深處
當造期：

1	2	3	4	5	6	7	8	9	10	11	12

紅　檀魚喜於棲底，或泥地，居於洞穴，體軟，生命力強，不是游泳，而是蠕動式前進。 一般體長8~10厘米，體長可達18厘米。

頭頂正中在眼後方有一棱嵴；體硬、牙小

體色呈深紅色或暗紅色

頭部側扁，短而高；眼甚小，埋藏於皮下，側位而高

鰓蓋上方有凹腔的開孔；體被小圓鱗；腹鰭呈一小型吸盤

鰭膜、背鰭、臀鰭相連；各鰭呈紅色而半透明，無明顯斑點

食味　魚肉赤色，纖維粗糙硬實，魚味濃郁鮮甜。

烹調　滾湯、香煎、酥炸

狀況

價錢

漁夫教路

蛇䱋（Odontamblycpus rubicundus）（Hamilton），屬鰻鰕虎魚科，亦稱"狼牙鰕虎魚"，兩頜齒尖銳彎曲，閉口時外露，樣子看來有點猙獰。故又稱"狼牙"或"狼瀨"、"頑皮魚"，俗稱"奶魚"。生命力強，表皮雖軟而韌，烹調時要用刀剁鬆，否則肉質難於煮開。

狗棍

學名 *Saurida argyrophanes (Saurida elongata)*

英文： Slender Lizardfish
(Greater Lizardfish)

粵音： Gau Gwan

香港：狗棍
中國：多齒蛇鯔、長蛇鯔
台灣：長體蛇鯔、狗母鮻、狗母

分佈 非洲、波斯灣、亞拉伯海、中國、台灣、日本、澳洲、菲律賓

生長條件 / 習性											
棲息 / 出沒：砂泥底											
食糧：魚類、浮游生物類											
水深層：水深10~60米深處											
當造期：2月~10月 (7月~10月)											
1	2	3	4	5	6	7	8	9	10	11	12

狗棍屬肉食性魚類，行動緩慢，愛把身體埋藏於沙中而等待獵物，然後突發躍起吞食，令獵物不能逃脱。八月為產卵季節，體長可達60厘米。

體圓修長，尾柄兩側具稜脊；體被圓鱗；單一背鰭，具軟條11~13

體背呈暗褐色，腹部呈暗色；體側無任何斑塊或橫紋

頭較短，口裂大而吻尖

背、胸及尾鰭呈青灰色；腹及臀鰭無色

尾鰭叉形

食味 肉質粗中帶幼，鬆散故容易煲爛，味道濃烈，略帶腥臊。

烹調 煎封、油浸、曬乾成鹹魚、魚膠、熬湯 (做魚膠和熬湯宜混雜別的魚類，提鮮改善質感)

狀況

價錢

漁夫教路

狗棍魚的魚味很濃郁，甜味十足，但魚肉粗中帶幼，所以潮汕人會把牠視作珍味，獨自使用時會做魚飯和滾湯，湯頭十分甜美，但與鱲魚、門鱔魚或鮫魚混合攪成魚膠，風味足，肉香富彈力，亦是潮山魚丸的民間小吃的極品，正正是現代食客會崇尚的魚鮮賞味的代表。

粵名 *Mugil cephalus Linnaeus*

海烏頭

英文：Flathead Grey Mullet
(Sea Mullet, Striped Mullet)

粵音：Hoi Wu Tau

香港：烏頭
中國：鯔、鯔魚
台灣：烏魚、青頭仔(幼魚)、奇目仔(成魚)、
正烏

分佈 中國、星加坡、泰國、越南

生長條件 / 習性											
棲息/出沒：沿岸淺海、河口鹹淡水交界處											
食糧：浮游動物、沙泥上的碎屑、海藻類											
水深層：水深1~120米深處											
當造期：(養殖全年)											
1	2	3	4	5	6	7	8	9	10	11	12

烏頭屬降海洄游型及廣溫性的魚類，水溫8~24℃，喜群體生活和巡遊，對環境的適應能力很強，即使在受污染的海域也能生存。成魚於繁殖期會由河口洄游至外海交配產卵，每次可產五至七百萬顆卵。幼魚喜歡在河口、紅樹林等半淡鹹水海域生活，隨着成長而游向外洋。台灣在每年冬至過後，烏魚會洄游南下產卵，所以又有「信魚」之名。

頭較小，略呈鈍錐狀；口大而吻短鈍，眼睛較大

胸鰭短寬

無側線；背鰭2個而相互分離

尾鰭叉形

頭部背平扁

腹面鈍圓；體披大形圓鱗，頭部亦被鱗

背方呈青灰色，體側下方及腹面銀白色，體側上方具有七條暗黑色縱紋

食味 肉纖維粗中帶滑，魚肉是一梳梳，含有豐富油脂，肥美鮮嫩，魚味濃郁和甜。

烹調 白焓、清蒸、滾湯、香煎、酥炸

狀況

價錢

通識百寶箱

　　烏頭魚有泥味，主要是魚塘塘底的腐殖質少，稱為"瘦塘"，在這種環境下魚兒所能吸收的養分有限，肉質不美而有異味。要是養殖時用了"新塘"，黃泥氣味未除清，故牠們多帶強烈泥味。野生魚也因吞下沙泥，利用胃的沙囊用以磨碎沉積物而攝取微小動植物，有助清理河口沙泥和過剩矽藻，幼魚更會把蚊的幼蟲吃掉。至於魚肉會起渣和魚皮會呈堅韌，那是飼料不足，或天然藻類或魚仔蝦毛欠缺。

漁夫教路

　　海烏魚在市場上有冰鮮和活貨，活貨以養殖為主，野生活貨略少。冰鮮魚處理時，桶底要於置"雪膽"，即整塊生雪，然後澆以鹹水，必需冰水同存，要是純冰塊會令魚身的單薄外皮，因不平滑的冰塊而令它們出現一凹凸不平的模樣，或是因冷藏烏頭時，雪不透徹，就會出現紅頭脫鱗的狀況，影響到魚的外觀賣相。不過，若把冰塊加上水份後，雪力均勻而冷度夠，魚身受凍遂呈現硬身，美觀極了。冷藏的水份也很講究，太鹹，魚皮會給冰死魚身木獨而久缺鮮明色澤；水份太淡，鹽度不足，魚眼矇白而魚身發軟，賣相難看。簡單而言，鹽度、水份和碎冰合適，可起防腐作用，魚身硬朗，鱗塊閃亮而有眩人光澤。

冰鮮海烏頭

養殖烏頭

黃姑

學名 Thyssa spp.

英文：Thryssa
粵音：Wong Gu

香港：黃姑
中國：江魚仔、小公魚
台灣：劍鱭、突鼻、含西

分佈 中國、日本、韓國、希臘、西西里、意大利、法國、土耳其和西班牙

生長條件 / 習性
棲息/出沒：泥地淺海、河口、港灣
食糧：甲殼類、小魚類、浮游生物
水深層：水深0~200米深處
當造期：(10月~3月繁殖期)

1	2	3	4	5	6	7	8	9	10	11	12

黃姑魚棲息於溫暖表層、大洋性近海的小型至中型的魚類。大型者常見於泥底的淺海、河口以及港灣。牠能接受大幅度溫和鹹份卻因水溫降到12℃，停止繁殖。幼魚常出現於河口。黃姑魚喜群游，但是大洋性掠食魚類的攝物。一般體長約15厘米，有時也會達到50厘米。

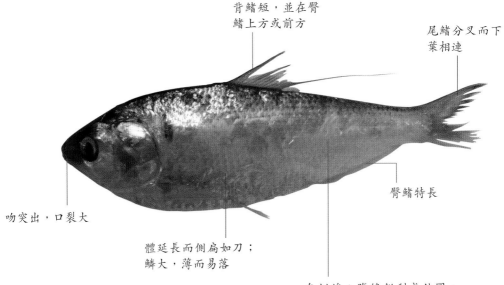

背鰭短，並在臀鰭上方或前方

尾鰭分叉而下葉相連

吻突出，口裂大

體延長而側扁如刀；鱗大，薄而易落

臀鰭特長

無側線；腹緣銳利或鈍圓，稜鱗多少不等

 食味 肉質纖細不豐厚，骨硬而多。

 烹調 清蒸、香煎、酥炸或醃製魚乾

 狀況

 價錢 $

鳳尾魚

粵音：Coilia grayii, Coilia ectenes

英文：Indian Knifefish (Gray's Grenadier Anchovy, Japanese Grenadier Anchovy)

粵音：Fung Mei Jyu

香港：刀鱭、七絲鱭
中國：刀鱭、七絲鱭、馬刀、毛花魚、馬鱭
台灣：刀鱭、七絲鱭

分佈 泰國、緬甸、柬埔寨、中國

生長條件 / 習性

生長條件 / 習性	
棲息/出沒：	泥地淺海、河口、港灣
食糧：	甲殼類、小魚類、浮游生物(幼魚食用)
水深層：	水深0~50米深處
當造期：	(5月~3月繁殖期)

1	2	3	4	5	6	7	8	9	10	11	12

鳳尾魚是江河出生，於海洋長大的洄游性魚類，喜棲息於近海的中上層，習性並不兇猛，卻因口大能吞食體形較小的魚類。農諺有「春潮迷霧出刀魚」，每年2月至3月的成熟魚集體洄游江河交配，並在江河支流或湖泊水流緩慢處約農曆五月至七月產卵，受精卵子漂浮在水面孵化，留在江河生活，到了清明後，成熟刀魚肉質變老，俗稱"老刀"，待秋後或年末幼魚長大游入海中生活，形成魚汛。鳳尾魚的早期是雄性居多，體大而脂肪多；後期則變為雌性居多，牠的體小而脂肪少，但不易區分性別。牠的成長以第三年增長最快，到了3~4歲時重達90~140克，一般體長可達34厘米。

頭側扁，背部平直

口大、圓突而斜；嘴裏有細小牙齒

體色呈銀白色、銀灰色為主，小部份呈金色；體側扁且往後收窄

刀魚體形狹長側薄，貌似尖刀；臀鰭自腹部延伸至尾鰭，狀似極薄刀鋒或修長尾巴

食味 肉質細嫩鮮美，肥而不膩，魚味濃香不帶腥味，肉薄不豐厚，小魚骨幼(容易炸脆)；大魚骨粗硬(不易炸脆，易清蒸或熬湯)

烹調 清蒸、香煎、酥炸、熬湯

 狀況

 價錢

備註
牠的魚尾修長如傳說的鳳凰之尾，有鳳尾魚之美譽。

粵音 Eleutheronema tetradactylum, Polydactylus tetradactylus

馬友

英文：Fourfinger Threadfin
粵音：Ma Yau

香港：四指馬友、正馬友、馬友
中國：四指馬鮁
台灣：四絲馬鮁、馬友、午魚、竹午、大午

分佈：印度、泰國、中國、台灣、日本、菲律賓、印尼、澳洲

生長條件 / 習性
棲息/出沒：沿岸、河口、紅樹林
食糧：魚類(鯷科和鰕魚為主)、甲殼類
水深層：水深0~23米深處
當造期：1月~5月(1月~3月)

1	2	3	4	5	6	7	8	9	10	11	12

馬友是棲息於半淡鹹水海域的洄游性魚種。牠們常常群集於海中，日間經常聚集到鬆散魚群處四出巡游，以避免被捕攝，並愛隨着潮水流帶覓食，因胸鰭下部具有枚游離狀軟條，有利牠們在混濁水中以觸覺尋找食物。並有季節洄游之習性，魚汛期以5月較高。一般體長為50厘米，最大者可達2米，重量可145千克。

背、臀、胸鰭基部均被有較厚的鱗鞘；背鰭兩個且分離

體長形而側扁；體披櫛鱗

體背部為灰褐色

吻凸出

胸鰭具4枚游離之絲狀軟條

背鰭、臀鰭、胸鰭及尾鰭為灰黑色；腹部呈乳白色

食味 肉質細緻鮮美，油脂豐厚而骨少，肉香肥美，味道濃烈，但遇有不新鮮者，味道卻十分腥臊。

烹調 煎封、油浸、配豉汁同蒸、曬乾成鹹魚

狀況

價錢

馬鮁郎

粵名：*Polydactylus sextarius*

英文： Blackspot Threadfin
粵音： Ma Yau Leung

香港：馬鮁郎、六指馬鮁
中國：黑斑多指馬鮁、六指駁馬鮁
台灣：黑斑多指馬鮁、六指駁馬鮁、午仔、黑友仔

分佈　南非、印度、爪哇、泰國、台灣和中國

生長條件 / 習性											
棲息/出沒：砂泥地、珊瑚礁、河口、港灣、紅樹林											
食糧：浮游動物、軟體動物											
水深層：水深19~73米深處											
當造期：春、秋季節較多											
1	2	3	4	5	6	7	8	9	10	11	12

馬鮁郎是日行性魚，日間常常聯群結隊出沒海洋，借助體下的軟條探測食物，以助捕取攝物，晚間就藏身居處休息，亦具有季節性洄游的習性。牠是雌雄同體的魚類，幼魚為雄性，後轉為雌雄同體，成魚時為雌魚。體長可達30厘米。

前端側線具一污斑

體披櫛鱗；背、臀及胸鰭基部均具鱗鞘

體背部呈灰綠色；體側銀白

頭中大而前端圓鈍；眼較大，口大，吻短而圓

尾鰭深叉，上下葉不延長如絲

食味　鮮美滑嫩，全年皆有。

烹調　煎封、油浸、配豉汁同蒸、曬乾成鹹魚

狀況

價錢

漁夫教你

馬鮁郎與馬鱥的差異，前者的胸鰭下有六根游離狀軟條，後者就只有四根軟條，這軟條功能均以在混濁水中探觸食物的器官。體型較小，肉質較馬鱥粗糙。

盲鱠

粵音 *Lates calcarifer*

英文：Barramundi
(Silver Barramundi; White
Sea Bass, Giant Sea Perch)

粵音：Maang Cho

香港：銀鱠、火鱠
中國：尖吻鱸
台灣：尖吻鱸、金目鱸、盲槽、扁紅目鱸

分佈 中國、香港、日本、台灣、越南、澳洲

生長條件 / 習性											
棲息/出沒：岩岸礁石與泥沙交匯處											
食糧：魚類、甲貝類											
水深層：水深0~40米深處											
當造期：冬季是魚汛											
1	2	3	4	5	6	7	8	9	10	11	12

盲鱠為熱帶及亞熱帶沿岸海域魚類，一般會活動於半淡鹹水水域，屬廣鹽性和河海洄游性的魚類。盲鱠的無色素的眼睛，十分靈敏，能在混濁水中探察獵物，因其眼睛特色而稱為"盲鱠"。昔日的海盲鱠會在冬季集結珠江口產卵，每次交配後的雌魚能產下3~4千萬顆卵子，但因香港水域污染嚴重，已鮮少發現其踪跡。幼魚為雄性，生活於鹹淡水域，直至6~8歲才會變為雌性魚。體積大的野生盲鱠會以青蛙或水上雀鳥為食。 牠們常出沒於本港西面或河口位置，到了冬季時卻活躍於珠江一帶。體長可達2米，體重可達60千克。

體腹色呈銀白色；體背側呈銀灰褐、藍灰色或橄欖綠；各鰭呈銀灰黑或暗色

頭尖，吻尖而短；體披薄而細小櫛鱗

尾鰭圓形

兩個背鰭，稍分離；胸鰭寬短

體側扁及延長，腹緣平直；背腹面皆鈍圓，背面孤狀彎曲大

食味　魚身豐腴，肉質鬆散，味淡帶鮮美。

烹調　清蒸、起肉炒球、炸魚柳

狀況

價錢

備註

幼魚呈褐色至灰褐色，頭部具3條白紋，體側散布白色斑紋，眼褐色至金黃色，隨成長而略具淡紅色虹彩。

通識百寶箱

　　台灣名字"金目鱸"，俗稱西鱸，縱使名字和外貌有點像鱸魚，事實卻不屬鱸科，香港人愛稱為盲鰽。事實上，牠在中國人凡事着重意頭的理念裏，絕不會把牠放在婚宴或彌月宴上的食單，因"盲鰽"的名字不好，實為主人的忌諱。按其來源不同，魚味和肉質也有分別，就算是魚的體色略有差異。

魚身上半部份以淺棕色或銀灰色為主，下半部份則呈銀白色，背鰭多分成兩節，尾鰭則呈圓形或分叉，魚鱗比較大。

基圍盲鰽(俗稱西鱸)：產於沿海附近河的一種，肉質較為臉身而鬆弛，味道稍淡。

漁夫教路

　　盲鰽的名字為銀鰽，因牠的一身銀白魚鱗，閃閃發光，無論在水中或水面，顏色不變而得名。這種魚在香港分有三種：海鰽、基圍鰽和養鰽。海鰽在海中生活，吃用天然魚蝦甲貝，體態纖瘦，肉質爽滑，味道鮮甜，油脂分佈均勻，肥而不膩，在80~90年代中，屬上價海鮮，魚身上部呈棕褐色或銀白色，魚鱗閃亮生輝。90年代中後期，出現養殖盲鰽，一身銀白，肥美卻欠線條美，肚內脂肪因吃飼料是白油，一般體積約1斤，肉質雖然略粗韌，尺碼均勻，食肆多用14兩左右的貨品作菜。隨養殖魚出現，身價大跌，至於海鰽卻因環境污染，活貨數量大減，在市場也難得一見，只有在適合季節才容易嚐到，但是以冰鮮魚為多。

釘公

粵學：Terapon jarbua

英文：Jarbua Terapon, Thornfish
粵音：Ting Kung

香港：釘公
中國：細鱗鯻、鯻
台灣：花身鯻、三抓、花身仔、條紋鯻、花身
仔、斑吾、雞仔魚、三抓仔

分佈：印度、馬爾代夫、安達曼海、緬甸、泰國、中國、台灣、香港、日本、韓國、馬來西亞、印尼、菲律賓、夏威夷、澳洲、新喀里多尼亞、斐濟、大溪地等熱帶海域

生長條件 / 習性
棲息/出沒：主要棲息於河川下海、沿海及河口區，活動於淺水，幼魚多生長於河口，成魚則喜愛群居，常在沿岸淺水的碎石底、沙泥底質海域或鹹淡水交匯處活動。
食糧：以小型魚類、甲殼類、藻類或底棲無脊椎動物為食。
水深層：棲息於20~250米深水處
當造期：

1	2	3	4	5	6	7	8	9	10	11	12

釘公魚是小型魚種，雜食性小型魚種，屬廣鹽性和底棲性。性好群體活動，魚鱗細密，鰓蓋後有尖刺，魚身銀色，上有數條黑色橫紋。活動區域為咸水、淡水或咸淡水交界，反而甚少出現於珊瑚區，游動方式為一游一停地前進，上水後在魚鰾及頭骨之間的肌肉會發出「喀喀」聲。

體背黑褐色，腹部銀白色；體側有3~4條水平的黑色縱走帶，其第3條由頭部起至尾柄上方，第4條常消失不顯；有數條黑色橫紋

呈長橢圓形，體高而扁；頭背平直

體被細小櫛鱗，頰部及鰓蓋上亦被鱗；背及臀鰭基部具弱鱗鞘

口中大，前位，上下頜約略等長；吻略鈍；唇不具肉質突起

各鰭灰白色至淡黃色

體背部輪廓約略同於腹部輪廓；前鰓蓋骨後緣具鋸齒

食味 　肉結實，味鮮甜。

烹調 　一般以煮湯或紅燒食之

狀況

價錢

通識百寶箱

　　在於魚腹壁和內臟之間，有一層黑膜。一般認為，這層黑膜是污染物，有毒，因此要刮乾淨。

其實，這層黑膜學名為「內膜臟層」，由「性腺」組織分化出來，含有大量脂肪，主要用來潤滑和保護內臟。內膜臟層本身無毒，但有一種腥臭味，若不刮乾淨，魚會變得相當難吃。

漁夫教路

　　劏魚時首先將鰓蓋打開，去除裏面的絲狀物。釘公鰓蓋硬而鋒利，故處理時要小心。然後，用剪刀從魚屁股處剪至魚頭下，到魚肚時不要剪太深，否則會剪穿魚膽，那麼整條魚都會變苦了。最後將食道、腸、膽等內臟全部拉出，刮去黑膜，清洗乾淨則可。

活釘公

唱歌婆

唱歌婆 Pelates quadrilineatus（Fourlined terapon），當造期是5~8月，樣子與石釘很像，只是魚背上有一大黑點。

沙鯭

魚名 *Monacanthus chinensis (Stephanolepis cirrhifer)*

英文：Fan-bellied Leatherjacket
(Thread-sail Filefish)

粵音：Sa Maang

香港：沙鯭、剝皮魚
中國：絲背細鱗魨
台灣：中華單角魨、剝皮魚、冠鱗單棘魨、鹿角魚

分佈 日本、中國東海、黃海、南中國海、東南亞各國至澳洲北部、中國、台灣、香港、日本、韓國等亞熱帶或溫帶海域

生長條件 / 習性
棲息/出沒：主要棲息於沿岸、近海礁區、底拖區域的水域或河口域。
食糧：藻類、小型底棲甲殼類或貝類等。
水深層：10~100米深水區

當造期

1	2	3	4	5	6	7	8	9	10	11	12

沙鯭的游術一般的底棲雜食性魚種，顏色和花紋會因環境不同而改變，幼魚喜愛躲藏在沿岸的海藻中，成魚則群體棲息在水深的沙底或沙礁混合區。多在日間出沒。晚上會匿藏於沙地，海草群及珊瑚群中。

身體菱形，平扁而高，褐色，具許多深棕色斑點，腹鰭呈扇形；鱗片細小；體側具3條雲狀深褐色寬紋，腹鰭棘深褐色

背鰭兩個，第一背鰭棘特化成強棘；臀鰭與第二背鰭相對稱

眼睛細小，吻較大，前端較尖，口小唇厚

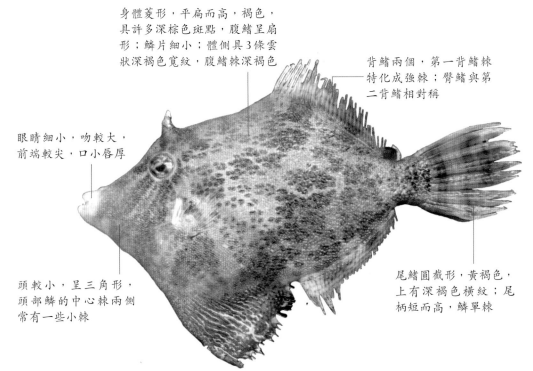

頭較小，呈三角形，頭部鱗的中心棘兩側常有一些小棘

尾鰭圓截形，黃褐色，上有深褐色橫紋；尾柄短而高，鱗單棘

食味

魚皮具有韌性並佈滿微小的鱗片，感覺粗糙。

烹調

烹調前要先將魚皮剝掉。清淡的白色魚肉富有彈性，除了能作生魚片或壽司料之外，還可以裹粉油炸、熬煮或煮湯。魚肝可以用酒蒸煮，或是絞碎後加醬油混合食用。

狀況

價錢

通識百寶箱

　　除了食用，沙鯭還有很多用途。首先，沙鯭肝大，重量占全魚的3.9~7.4%，含油量達50~60%，可製魚肝油；沙鯭頭皮內臟可做魚粉；魚皮能製成食用魚蛋白，這種蛋白含多種氨基酸，極易被人體消化吸收，是老弱最佳補品。

漁夫教路

新鮮的沙鯭眼球飽滿、角膜透明、色澤鮮明，肉質堅實。

沙鯭(薄肉)

沙鯭(厚肉)

沙鯭仔(Stephanolepis cirrhifer)(File Fish)全年均有，肉厚，味鮮，雄魚背鰭第二軟條延長成絲狀，體灰色，頭部具黑色斑點，體側具水平黑色條紋。

牛鰌

粵名：Aluterus monoceros

英文：Filefish, Unicorn Leatherjacket Filefish

粵音：Ngau Maang

香港：剝皮魚、牛鰌、大沙
中國：單角革魨、擬綠鰭馬面魨
台灣：單角革單棘魨、剝皮魚、狄仔

分佈 中國黃海、南中國海、香港、日本、臺灣、越南等、全世界各熱帶及溫帶海域

生長條件 / 習性											
棲息/出沒：岩礁斜坡處、深水域的沙底、藻叢間。											
食糧：水母、底棲無脊椎動物或藻類。											
水深層：1米~50米深水											
當造期											
1	2	3	4	5	6	7	8	9	10	11	12

牛鰌是中上層海魚，喜獨居，亦喜群體生活，幼魚常隨着一些大型漂浮物，如大型水母下方游動，成魚愛在沿岸水藻叢間游玩，偶會出現在岩礁斜坡處，會在較深水域的沙底築巢；雜食性，曾有因進食本魚種而引致食物中毒的記錄。

牛猛身形扁平，灰色，魚皮非常粗糙，口部極細並長滿尖牙，頭上長有一支可移動的尖刺。魚鰭呈暗黃色或淺啡色。以捕食甲殼類動物，軟體動物及藻類為主。常出沒於南丫島一帶石排位置。

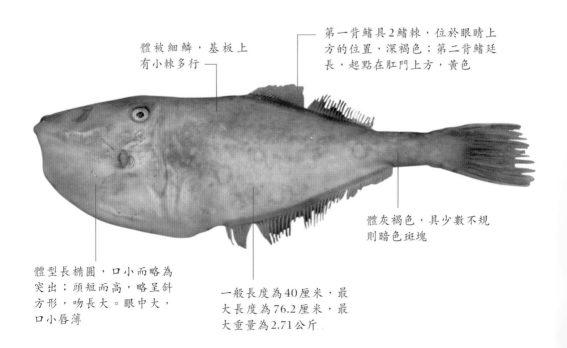

體被細鱗，基板上有小棘多行

第一背鰭具2鰭棘，位於眼睛上方的位置，深褐色；第二背鰭廷長，起點在肛門上方，黃色

體灰褐色，具少數不規則暗色斑塊

體型長橢圓，口小而略為突出；頭短而高，略呈斜方形，吻長大。眼中大，口小唇薄

一般長度為40厘米，最大長度為76.2厘米，最大重量為2.71公斤

食味　白色魚肉十分結實，味道雖然比不上沙般甜美。

 烹調　漁獲量一般較多，可以做成生魚片。大多是直接曬成魚乾，也可將味道濃厚的魚肝用酒蒸或用醋醃漬，還可以切成薄片作為火鍋料或清蒸。

 狀況　

 價錢　

 通識百寶箱

休魚期為了保育？

　　漁民多用底拖網和定置網的手法捕魚，造成過度捕撈，影響海洋生態。現在政府已設立休漁期，主要是讓魚類休養生息，然而漁獲數量仍逐年急速下降。相關組織已警告，若仍不減少吃魚，那麼在不久的將來，人類將無魚可吃！

漁夫教路

　　牛鰠厚皮，所以食用前多會去頭、剝皮，以致牛鰠魚又有「剝皮魚」之稱。牛鰠全年均產，當中以夏、秋間較多。肉質普通，多以煮湯或油炸。

牛鰠

牛鰠(圓腹短角棘魨)Thamnaconus hypargyreus，黃面鰭馬面魨、剝皮魚，特點是有淡棕黑或黃點的斑點，具波浪形黃紋。

花角魚

學名：*Monacanthus chinensis (Stephanolepis cirrhifer)*

英文：Fan-bellied, Sea Robin Gleatherjacket (Thread-sail Filefish)

粵音：Fa Kuok Jyu

香港：花角魚、角魚、蜻蜓角、大頭角、觀音娘角、蓋絲文

中國：綠鰭魚，綠翅魚、綠姑、魴鮄、國公魚、綠鶯鶯、角魚、紅祥、大頭魚、蜻蜓角

台灣：黑角魚、飛機魚

分佈：南非、澳洲、紐西蘭、日本、韓國、香港

生長條件 / 習性
棲息/出沒：河口到大陸棚邊緣的砂泥底水域，也會出現河流中，稚魚有機會出現在海灣。
食糧：甲殼類、魚類。
水深層：10米~390米
當造期：

1	2	3	4	5	6	7	8	9	10	11	12

花角魚是肉食性魚類，屬輻鰭魚綱　形目。角魚的最大特色是在水中游動時，胸鰭一開一合像翅膀在飛行一樣。另一個特色是有擊鼓肌肉，會打擊魚鰾發出聲音。

頭被骨板，吻長，吻凸不明顯

兩個背鰭基底具稜鱗，最後三條胸鰭鰭條游離

體長而側扁，被小圓鱗；體背紅色，腹部較淺色，胸鰭內側具大黑斑

食味：肉較細嫩，刺少。鮮食清燉或紅燒均可，汆燙食之味甚鮮美。

烹調：建議火烤、煲湯或油煎

狀況

價錢

甚麼是深海魚？要有多深才叫深海？

超過200米深的海已是深海，這裏陽光透不過去，完全黑暗。而深海魚是能在200米或更深海裏生活，同時也能游到淺海生活。相反，有部份魚是不能在太深的海裏的。

門鱔

英文：Conger-pike Eel
粵音：Mun Sin

香港：龍尾坑鱔、坑鱔、貓鬚、黃門、青門
中國：線紋鰻鯰
台灣：鰻鯰、沙毛、海土虱、海塘蝨

| 分佈 | 紅海、東非、南非、毛里裘斯、印度、斯里蘭卡、馬爾代夫、柬埔寨、泰國、越南、中國南海、台灣、香港、日本、韓國、馬來西亞、印尼、菲律賓、澳洲 |

生長條件 / 習性
棲息/出沒：珊瑚礁、岩礁或河口區
食糧：小型魚類、甲殼類和軟體動物
水深層：1米~60米

當造期：

1	2	3	4	5	6	7	8	9	10	11	12

魚類・海鰻科
Ariidae

　門鱔源於亞洲，最長可達40厘米，以鰓上器官來獲取氧氣，當上岸獵食時，鰓上器官會取代鰓的功能，以用來呼吸。坑鰻是本港海域最毒的刺毒魚，被刺傷可引致腫痛、痙攣及痲痺等症狀，時間可長達48小時或以上，嚴重者會破傷風甚至死亡，所以盡量避免身體觸碰。

體長，稍側扁側，一般長度為50厘米，最大長度為80厘米

全身無鱗、光滑

頭部中等大，細長，三角形；眼大，橢圓形；口裂大，吻長而尖

背方銀灰色或褐色，側下及腹方乳白色；背鰭和臀鰭發達，邊緣黑色，與尾鰭連接；胸鰭發達，呈淡橙黃色

食味
肉質細嫩，是非常有名的魚蛋製作材料，鰾可製魚肚。

烹調
炒鱔球、煲湯、炆鹹酸菜

狀況

價錢

漁夫教你

　在眾多花膠中，鱔肚是其中一種，而膳肚主要是門膳肚。相比其它花膠，膳肚較薄，呈長筒狀，浸發後特別爽滑，多用作炸、炆、炒，炸為最佳。因為鱔肚較為普遍，因而價格相對較低，但營養含量卻不低。

魚類・蛇鰻科 Ophichthidae

骨鱔

粵音 *Pisoodonophis cancrivorous*

英文：Rice-paddy Eel, Longfin Snake Eel

粵音：Gwat Sin

香港：骨鱔
中國：食蟹豆齒鰻、骨鱔
台灣：食蟹荳齒蛇鰻

分佈　印度洋至太平洋：紅海、東非、南至澳洲、中國

骨鱔是溫帶底棲魚類，亦能在淡水生活。適應力強，性好獨居，喜藏於於泥洞，築類圍網的巢，愛吃腐肉，身長柔軟，有黏液，善於鑽洞，離水時不斷自轉身體，捲成球狀，具攻擊性，會咬人。生活於地區，對淡水的忍受力強，會具地域性。肉食性，以為食。

胸鰭尖長，邊緣黑色

眼細小，在口之上方；吻尖，齒大，由3~5列齒排成齒帶

體長，無鱗，全身光滑，深綠色

 食味　多骨，肉質肥美。

 烹調　骨鱔骨多而且大，味道卻鮮甜，建議煲湯，也可起肉，蒸炸皆可

 狀況　

 價錢　

通識百寶箱

鱔體黏液有功效？

鱔體內一般都富含黏液，這麼黏液由黏蛋白和多種糖類組，不僅能促進蛋白質的吸收和合成，還含大量人體所需的氨基酸、維生素A、B$_2$和鈣等微量元素，具補氣血、壯骨健腎。

學名 Gerres abbreviatus（連米）／ Gerres punctatus（銀米）

連米

英文：Threadfin Silver-biddy
(Majorras, Whiptail Silver-Biddy)

粵音：Lin Mai

香港：連米、銀米、三角連米
中國：短體銀鱸（連米）、長棘銀鱸（銀米）
台灣：短鑽嘴魚（連米）、曳絲鑽嘴魚（銀米）、
　　　碗米仔、蛙米仔、瓦米仔

| 分佈 | 馬達加斯加至澳洲東非、馬達加斯加、澳洲，非洲到日本及澳洲、台灣 |

生長條件 / 習性

棲息/出沒：近岸沙質海底、珊瑚礁、蚵棚區
食糧：小型無脊椎動物
水深層：0~30米深
當造期：春夏季

1	2	3	4	5	6	7	8	9	10	11	12

連米屬暖水帶魚，體長一般不超過230毫米，通體作銀白色，胸鰭及臀鰭深黃色，背鰭第二硬棘延長呈絲狀。胸鰭長，向後可達或超越臀鰭起點。喜群居，游起泳來，是一游一停的。

口小、可伸縮；眼大，吻尖

上下頜齒細長，呈絨毛狀；鋤骨、腭骨及舌面皆無齒

胸鰭長，與臀鰭相連；體被薄圓鱗，易脫落

體呈長卵圓形而偏高，標準體長約為體高的2.0~2.5倍；胸鰭長，向後可連着臀鰭

體背銀灰色，腹部白色。體側有12條淺灰色垂直條紋（銀米）；側線完全，呈弧狀

食味　以「細皮嫩肉」來形容該魚最為恰當，肉質甜美，算是高級魚類之一。

烹調　適宜煎、炸食用、薑絲清湯。（價格不低一般皆以煮湯為多），以春、夏季較佳，可生鮮或醃漬處理，適宜煎、炸食用。

狀況

價錢

漁夫教路

新鮮的連米肉質堅實有活力，顏色白亮，身上有黏液。若放久了，色澤便變暗，眼睛也不會水汪汪的了。

花鮨

粵名 Gymnothorax reevesii

英文：Richardson's Moray
(Spotted Moray)

粵音：Fa Zeoi

香港：油鮨，花鮨，環紋花鮨、勻斑裸胸鱔、
鯀麭、鱲麭、鱔

中國：異紋裸胸鱔、海鰻

台灣：李氏裸胸鯙、黑點裸胸鱔、錢鰻

分佈：印度洋至太平洋：紅海、東非、北至琉球群島、南至科克群島、密克羅尼西亞，印度、馬達加斯加、越南、中國、日本、韓國、澳洲等海域

生長條件 / 習性											
棲息/出沒：岸珊瑚礁及岩礁											
食糧：魚類、甲殼類或頭足類，甚至人類殘骸											
水深層：1米~50米深											
當造期：春夏											
1	2	3	4	5	6	7	8	9	10	11	12

花鮨是生活於沿岸珊瑚礁及岩礁的溫帶魚，生性膽小，如受攻擊，會吐出食物，使身體變得更加細長，更容易藏匿逃脫。一般白天躲在巢穴，晚上覓食。

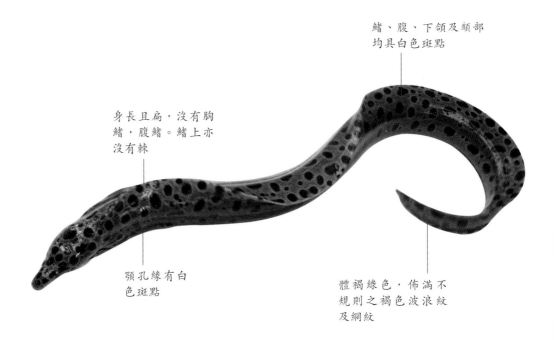

鰭、腹、下頜及頦部
均具白色斑點

身長且扁，沒有胸鰭，腹鰭。鰭上亦沒有棘

顎孔緣有白
色斑點

體褐綠色，佈滿不
規則之褐色波浪紋
及網紋

食味 高脂肪的魚，入口時甘美但較膩口，需要用其他配料來中和，例如苦瓜能吸收油份，可以減低膩的口感，而且不會奪走魚味。

烹調 蒸、炒，亦可起肉切小段，加薑絲、鹽和胡椒粉煲粥

狀況

價錢

釣花鱧也有迷信時？

在釣魚發燒友一直流傳着一個禁忌：若在同一個地方很快釣到超過三條油鱧，就要將油鱧放生，立即轉移去別的地方，否則會遭遇不測。究其原因，主要是因為油鱧以腐屍為食的，若該地容易釣到大量油鱧，那麼這裏很大機會有人類殘骸了。

花鱧力氣大，而且如果直接劏的話，還要掙扎約15分鐘才會徹底死去。故建議先用刀背在頭部拍幾下，然後放進準備好的鹽醋滾水中，蓋上蓋，待嘴張開，便可取出，輕鬆剖腹洗淨了。漁民說："花生鱧的肉質爽脆，甘香肥美，油脂豐盛，肉厚多幼骨，魚味濃郁是燜煮菜的好材料，但一般消費者承受不了，不愛購買，因為瘦身多骨不好吃，粗狀太大吃不下，所以捕回來的花鱧都是斬件或少發市。相反地，廚師愛買地入饌，但都要預先與相熟食客張揚，故花鱧魚佳餚都是在海鮮酒家的桌上美味，生扣和紅燒更是不二之選。"簡單而言，漁民會把魚穫交給海鮮酒家作主銷對象。

黑鰽

Lycodontis undulatus, Lycodontis undulata (Gymnothorax monochrous)

英文：Liver-colored Moray Eel
粵音：Hak Zeoi

香港：油錐
中國：波紋裸胸鱔
台灣：疏斑裸胸鯙、黃紋裸胸鰻

分佈 印度洋至太平洋：紅海、東非、北至日本南部、夏威夷、南至大堡礁、密克羅尼西亞。東太平洋中部、東非、印度、斯里蘭卡、日本、琉球、馬來西亞、印尼、菲律賓、新畿內亞、澳洲等海域

生長條件 / 習性											
棲息/出沒：珊瑚礁、岩礁洞穴、潟湖											
食糧：魚類、甲殼類、大小動物的殘骸											
水深層：1米~30米											
當造期：春夏											
1	2	3	4	5	6	7	8	9	10	11	12

黑 鰽是肉食性魚類，最長可達150厘米，外表光滑，無鱗，個性兇惡，有利齒，具侵略性，會主動攻擊潛水者和水下作業者，故要小心。

有131~133塊椎骨

體長而呈圓柱狀，部側扁

背鰭長於口裂和鰓孔間

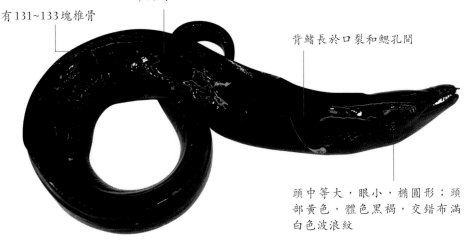

頭中等大，眼小，橢圓形；頭部黃色，體色黑褐，交錯布滿白色波浪紋

食味　肥美鮮甜，肉多有口感。

烹調　可和豆腐、青椒、金針菇等蒸煮，可降血糖、補鈣補血，產生食療效果。

狀況

價錢

漁夫學路
　　買回黑鰽後，最好在劏好後立即烹煮，因為黑鰽死後容易產生組胺，可能引發中毒現象。否則，應放陰涼處用水養起來。

環紋花鯙

學名：*Gymnothorax kidako*

英文：Kidako Moray
粵音：Wang Man Fa Zeoi

香港：泥婆，花鯙、杉錐
中國：蠕紋裸胸鯙
台灣：錢鰻、薯鰻、虎鰻

分佈：西北太平洋：琉球群島至南中國海、台灣、日本南部、韓國、菲律賓、夏威夷及澳洲等海域

生長條件 / 習性

棲息/出沒：珊瑚礁、岩礁縫隙中
食糧：魚類、甲殼類、動物殘骸
水深層：2米~350米
當造期：春夏

1	2	3	4	5	6	7	8	9	10	11	12

環紋花鯙是肉食性魚類，生命力強，最長可達80厘米，外表光滑，無鱗，不喜活動，游動時左右擺動身軀，多在晚上覓食，但白天也會獵食。有利齒，具侵略性，是危險的魚類。

上、下頜尖長，內彎呈勾狀；尖牙

臀鰭具有白邊，嘴角具有黑痕。

體長而呈圓柱狀，尾部側扁

底色為黃或褐色，渾身環繞樹枝狀之暗褐色條紋

食味　肉厚、質細、味美、含脂量高。

烹調　可燜、煮、或爆炒。甚至可先蒸去油脂，再做串燒，包管肉質飽滿，鮮美無比。

狀況

價錢

漁夫教路

由於花鯙油脂較多，因此可先經過用煎烤的方法去掉油脂，再和蔬菜配食，不但爽口，還可以吸收到花鯙中的維他命C。

青鶴鱵

粵名
Tylosurus crocodilus crocodilus

英文：Hound Needlefish,
Mexican Needlefish

粵音：Ching Hok Zam

香港：鶴針
中國：鱷形圓頜針魚、大圓頜針魚、犬柱頜
　　　針魚
台灣：鱷形叉尾鶴鱵、青旗、白天青旗

分佈　西起紅海、南非至大溪地，北至日本，南至澳洲；西大西洋：美國至巴西；東大西洋：包括喀麥隆、塞內加爾等熱帶海域

生長條件 / 習性
棲息/出沒：砂泥底、大洋、沿岸、潟湖、礁沙混合區
食糧：魚類，偶吃甲殼類或頭足類
水深層：0~20米
當造期：

1	2	3	4	5	6	7	8	9	10	11	12

青鶴鱵的底棲性溫帶魚，其洄游性，最長可達150厘米，是掠食性魚種，牙齒十分鋒利，以單獨或群體形式於沿岸捕食，偶吃也甲殼類或頭足類，在捕獵時能作短距離的高速衝刺或跳出海面。

 食味　骨少，肉緊緻而鮮甜。

 烹調　宜煎炸、或用椒鹽燒烤

 狀況　

 價錢　

飛魚族愛在水上飛？

台灣下鱵同是鱵科，和鶴針十分相像，兩者都是「飛魚」族，能做躍出水面的動作，而且尾鰭的下葉比上葉大，不同的是鱵的下頜長上頜短，難怪外國人稱鱵的為「半喙魚」。漁民吃魚，常用最簡單的方法吃。鶴針少骨、肉質鮮美，雖然可以蒸煮煲湯，但直接在火上烤熟，再去皮灑椒鹽，是最鮮美的。

粵音 Fistularia petimba

紅殼（馬鞭魚）

英文：Red Cornetfish
粵音：Ching Hok Zam

香港：紅馬面棍、火槍
中國：鱗煙管魚、喇叭魚，管口魚
台灣：馬鞭魚、馬戌、火管、紅火管

分佈	東非、韓國、中國、台灣、日本、澳洲、北美西岸

生長條件 / 習性
棲息/出沒：較深水的岩礁、珊瑚礁或沙底
食糧：吸食小魚或蝦類
水深層：10米~200米
當造期：常年可捕撈

1	2	3	4	5	6	7	8	9	10	11	12

　　紅殼屬日行性底棲魚種，以單獨或群體形式生活，不好動，有時亦會假裝成漂浮物，一方面以免被騷擾或捕食，另一方面可消除獵物的警覺性。前進時尾部會小幅度地擺動。

　　肉食性魚類，最長可達200厘米，身體粉紅，無鱗，鰭淡色些，腹部白色，行動緩慢，色暗淡，善於欺騙敵人或獵物。

體長而扁，後方圓柱形；體為一致之紅色

尾鰭深叉形

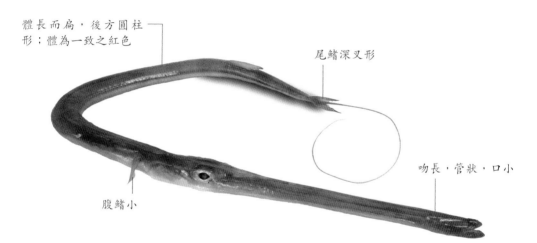

吻長，管狀，口小

腹鰭小

 食味：肉質細緻，味道鮮香，多水分。

 烹調：鮮湯、紅燒、油煎、鹽烤

 狀況

 價錢

漁夫教路

　　想知道馬鞭魚是否新鮮，只要看魚身顏色就可以了。新鮮的馬鞭魚呈粉紅，隨着時間越久，紅色便變得暗淡，若是呈灰色，就已壞掉不能吃了。當然，要留意魚是否紅得自然，若紅得過份，可能加了色素。

水針

粵名 Hemiramphus lutkei

英文：Lutke's Halfbeak
粵音：Seoi Zam

香港：水針、青針
中國：無斑鱵、杜氏下鱵魚
台灣：南洋鱵、補網師、水針、杜氏下鱵魚

| 分佈 | 東非、印度、馬爾代夫、泰國、日本、印尼、馬來西亞、新幾內亞、關島、塞班及帛琉等海域、婆羅洲、菲律賓 |

生長條件 / 習性

| 棲息/出沒：珊瑚礁及島嶼附近礁石區 |
| 食糧：浮游動物為主食 |
| 水深層：0~30米 |
| 當造期：春夏季 |

1	2	3	4	5	6	7	8	9	10	11	12

　　水針是洄游性海魚，成群棲息在海水表層，體長可達29厘米，身體修長優美，尾鰭開叉，背鰭與臀鰭靠近尾柄，胸鰭及腹鰭短小。水針分佈於非洲東岸、南太平洋社會群島、琉球群島以及臺灣海峽及南海等海域。每年4~7月產卵。

身體長而扁，佈滿大圓鱗，顏色褐綠

背部中間有一深綠色帶；側線上具一灰藍色線

尾鰭深分叉，下葉比上葉長

腹部銀白色

上頜短、下頜長

食味　肉質鮮美，口感纖細。

烹調　宜煎炸、燒烤

狀況

價錢

漁夫教路

　　水針對海水環境要求很高，喜歡海水清澈、多水草的地方，然而漁民作業的範圍不斷擴大，又不時有各種工業廢物、油燃料流入海洋，使得海洋環境越來越惡劣，水針的生存空間也越來越少，近年來數量也大為減少了。由於水針身體小、產量低，故經濟價值不大。不過因為肉質鮮美，被日本人視為高級料理。

學名：Sillago sihama

沙鑽

英文： Silver Sillago
粵音： Sa Jun

香港：沙鑽、沙錐
中國：多鱗鱚、船丁魚、麥穗
台灣：沙鮻

分佈	地中海、紅海、波斯灣、東非、南非、泰國、越南、中國、台灣、香港、日本、韓國、馬來西亞、印尼、菲律賓、東帝汶、新畿內亞、所羅門群島、澳洲等熱帶海域。

生長條件 / 習性											
棲息/出沒：沙泥底海域											
食糧：甲殼類、多毛類等底棲動物											
水深層：0~60米											
當造期：春夏季											
1	2	3	4	5	6	7	8	9	10	11	12

沙鑽是溫帶海魚，雜食性，一年可多次產卵，約21小時便可卵化。稚魚以吃浮游生物為生。成魚一般体長12~6厘米、體重10~30克、口小，吻鈍尖。

背鰭軟條部具不顯黑色小污點；胸部基部無黑斑

頭部至體背側土褐色至淡黃褐色

上下頜和鋤骨上有帶狀細齒

腹鰭正常，腹側灰黃色，腹部近於白色

身體幼長，細鱗，淺啡及銀色，體被小形櫛鱗，鱗片易脫落

食味 含脂量高，肉質豐厚有口感，味鮮美。

烹調 清蒸、乾煎

狀況

價錢

> 通識百寶箱
>
> 沙鑽在大陸被稱為船丁魚，是因為身形呈長錐形，看起來像古代造船用的釘，故稱為船丁魚。

牙帶

粵名：Trichiurus japonicus

英文：Silverfish (Ribbonfish)

粵音：Ngaa Tai

香港：日本牙帶
中國：日本帶魚、刀魚、高鰭帶魚
台灣：日本帶魚、白帶、白帶魚

分佈	中國南海、台灣、香港、日本等溫熱帶海域

生長條件 / 習性
棲息/出沒：棲於大陸架，深水之沙泥底
食糧：食魚類或甲殼類
水深層：0~200米
當造期：春夏季

1	2	3	4	5	6	7	8	9	10	11	12

牙帶魚個兇猛，牙齒發達且尖利，背鰭很長、胸鰭小，鱗片退化，遊動時不用鰭劃水，而是通過擺動身軀來向前運動，行動十分自如，既可前進，也可以上下竄動，經常捕食毛蝦、烏賊及其他魚類。帶魚食性很雜而且非常貪吃，有時會互相殘殺，又因過度捕撈，所以在帶魚中少見到壽命超過4歲的老帶魚。淺水帶魚銀灰色，深水帶魚深銀灰色，有黃眼白眼兩種。

牠是中下層洄游性魚種，貪吃，好群居，泳層廣，日間生活於較質海域，清晨、黃昏、晚上、陰天或產卵時則游回淺水區。長距離游泳時，會以頭上尾下的方式游動推進。帶魚產卵期很長，一般以4月~6月為主，其次是9月~11月，一次產卵量在2.5萬粒~3.5萬粒之間，產卵最適宜的水溫為17~23℃。

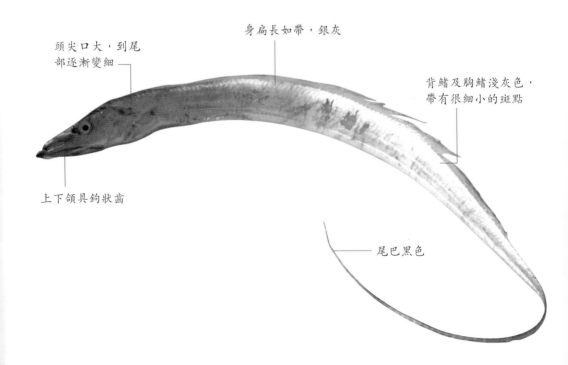

身扁長如帶，銀灰

頭尖口大，到尾部逐漸變細

背鰭及胸鰭淺灰色，帶有很細小的斑點

上下頜具鉤狀齒

尾巴黑色

食味　帶魚肉嫩體肥、味道鮮美,隻中間有條大骨,無其他細刺,食用方便。

烹調　油煎、香炸、鹽烤

狀況　

價錢　

通識百寶箱

牙帶魚吊起身體做甚麼?

　　牙帶魚的體型非常特殊,體延長似鰻魚,游泳時卻像蛇般行走,休息時卻以頭上尾下直掛在水層中,十分逗趣,由於牠的體長可寬可長又可幼,身長又可達15米,故暱稱"肥帶或瘦帶"。長相兇惡,牙尖大口,十分嚇人,卻因體表閃閃發亮,佈滿銀色粉末狀的細鱗,據說有些商人會把牠的細鱗加工處理提煉成結晶物質,以製造假珍珠裝飾品等物。

漁夫報路

　　帶魚與同科的 Trichiurus lepturus Linnaeus,1758 極為相似,僅能靠牙齒之比例及體高之極小差異來作出分辨,因此魚種的分類地位仍極具爭議。白帶魚的背鰭是白色的;油帶魚的背鰭是黃色的。基本上油帶魚比白帶魚好吃很多,下回到市場去的時後,看到白帶魚要記得選背鰭是黃色。中國最主要食用海魚。產卵高峰期於三至六月。

魚類・赤刀魚科

粵音：Acnthocepola limbata

紅牙帶

英文：Bandfish
粵音：Hung Ngaa Tai

香港：紅環帶魚
中國：背點棘赤刀魚
台灣：背點棘赤刀魚、紅龍、紅簾魚、紅帶魚

| 分佈 | 日本、台灣和中國，日本南部至中國水域、印尼、澳洲 |

生長條件 / 習性
棲息/出沒：深海、砂泥底、近海沿岸
食糧：底棲性魚類
水深層：80~100米
當造期：春夏季

1	2	3	4	5	6	7	8	9	10	11	12

紅牙帶是棲息於中層海水處之砂底或泥底質水域。常挖掘洞穴，藏身其中，並以頭上尾下的立姿於洞穴周緣捕食獵物。這是奶魚的一種。

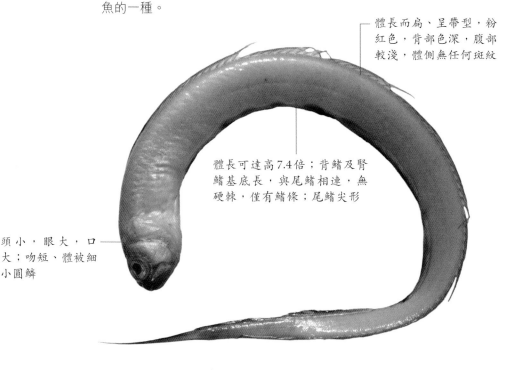

體長而扁、呈帶型，粉紅色，背部色深，腹部較淺，體側無任何斑紋

體長可達高7.4倍；背鰭及腎鰭基底長，與尾鰭相連，無硬棘，僅有鰭條；尾鰭尖形

頭小，眼大，口大；吻短、體被細小圓鱗

 食味　魚肉細緻，有嚼勁，味道清甜。

 烹調　清蒸、紅燒、鮮湯、煎

 狀況

 價錢

漁夫教路

清洗好的紅環帶魚，可置冰箱中冷凍30分鐘，使肉質更晶瑩剔透；或浸30分鐘淡鹽水，掛起，風乾8小時，肉質變晶透，適合燒烤。

撻沙

學名：Cynoglossus abbreviatus

英文：Three-lined Tongue Sole
粵音：Taat Sha

香港：金邊方脷、幼鱗撻沙、撻沙
中國：短吻舌鰨、短吻三線舌鰨
台灣：短舌鰨、牛舌、龍舌、皇帝魚

分佈	由印尼至中國東海和南海、香港、日本及韓國等溫帶海域

生長條件 / 習性
棲息/出沒：沙泥底、沿海海域底層
食糧：捕食底棲的無脊椎動物、小型魚類
水深層：20~85米
當造期：春秋二季

1	2	3	4	5	6	7	8	9	10	11	12

撻沙是肉食性，底棲，可熱帶和寒帶水域生活，沿大陸棚深度的海水活動，不好動，常常埋在泥沙中。

體如長舌，扁平，鱗片較小

頭較大，吻較尖突；兩眼均位於左側

兩側皆被強櫛鱗

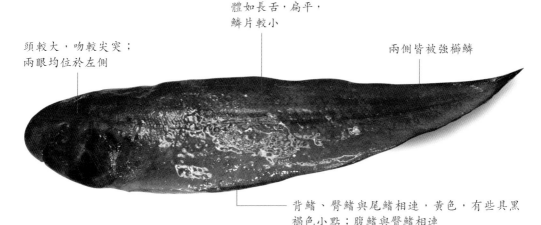

背鰭、臀鰭與尾鰭相連，黃色，有些具黑褐色小點；腹鰭與臀鰭相連

食味　魚肉嫩滑，輕軟，味道清新。

烹調　蒸、煎

狀況　

價錢　

惡菌藏在海魚裏？

近年，首宗在香港發現的香港型鏈球菌」(S.hongkongensis sp. nov.)的「魚類鏈球菌」惡菌，可由海水或魚類的表皮感染人類，當患者在處理海產時不慎被刺傷感染，嚴重可引致骨炎、關節炎甚至併發敗血症。建議戴上手套以防止被感染。

粵名

撻沙（方脷）

Cynoglossus bilineatus (Cynoglossus joyneri)

英文：Fourlined Tonguesole
(Red Tonguesole)

粵音：Fong Lee

香港：方脷、撻沙

中國：焦氏舌鰨

台灣：雙線舌鰨、貼沙魚、撻沙魚、鰨沙魚、
比目魚、版魚、焦氏舌鰨、牛舌、龍舌、
扁魚

分佈：中國東海、黃海和南中國海、香港、日本、台灣、越南、由韓國、日本、香港至中國南海

生長條件 / 習性	
棲息/出沒：近海大陸棚泥沙底質海域、可進入河口域或受潮差影響之河段	
食糧：底棲的無脊椎動物、其它小型魚類	
水深層：20~70米	

當造期：

1	2	3	4	5	6	7	8	9	10	11	12

撻沙是一般棲息在水深之沙泥底或泥底的沿岸海域底層，主要以捕食底棲的無脊椎動物維生。

身體呈舌形

背鰭、臀鰭與尾鰭相連接；尾鰭尖形

體型延長，鱗片大，呈棕色或深褐色

頭部略短；吻部略長；前端鈍圓；眼睛細小，兩眼同位於左側

食味　清爽、甘甜、肥而不膩。

烹調　用來作生魚片及壽司料之外，還可以做海帶拼盤或醋漬物。側面的魚肉也可以用來作生魚片、清蒸或涼拌菜等。

狀況　

價錢　

漁夫教路

方脷為海洋名貴經濟魚類之一，富含脂肪和蛋白質，品質比其它比目魚為佳，可鮮食，或加工成乾貨。

養殖方脷

粵名：*Cymphaesopia cornuta*

斑馬撻沙

英文： Stripped Tonguesole

粵音： Bang Ma Taat Sha

香港：鬼婆裙，撻沙、斑馬撻沙

中國：角鰨、角牛舌、狗舌、角鰨沙、
羽條鰨

台灣：角鰨沙

分佈	紅海、南非、印度、日本、印尼、澳洲西北部

生長條件 / 習性

棲息/出沒：大陸棚泥沙底質海域
食糧：甲殼類
水深層：80~100米
當造期：一年四皆有出產

1	2	3	4	5	6	7	8	9	10	11	12

斑馬撻沙是底棲性肉食魚類，沿大陸棚深度的泥沙底質海域，常常埋在泥沙中，身上顏色能隨環境的顏色而改變體色。

身體呈橢圓形，平扁

兩側皆被櫛鱗，側線被圓鱗，側線幾為直線；背鰭第1鰭條延長且粗，臀鰭鰭條不分枝，與尾鰭相連

口歪而小，兩眼均位頭之右側

尾鰭完全與背、臀鰭後部鰭條相連；尾鰭為黑色，有白斑點

鰓膜與胸鰭上半部鰭條連在一起；胸鰭不分支；腹鰭約對稱

 食味 肉質細嫩柔軟、口感鮮甜。

 烹調 可清蒸、煎煮

 狀況

 價錢

通識百寶箱

如何分辨扁扁魚的魚科類別？

鰨科、鰈科、鮃科和舌鰨科等無論外表、肉質等都極為相似，因此都被統稱為比目魚。其實幾種魚雖然相似，但卻可從細節中分出來，例如鰨科眼在右側、牙鮃科眼在左側，另外魚鱗、顏色也各自有分別。

牛鯭

英文：Bartail Flathead
粵音：Ngau Chau

香港：牛尾、牛鯭、沙鯭
中國：鯒、印度鯒
台灣：印度牛尾魚、牛尾

分佈：紅海東非到菲律賓，北至日本南部及韓國，南至澳洲北部，紅海、南非、印度洋北部至印尼、韓國、日本南部、菲律賓、澳洲北部

生長條件 / 習性											
棲息/出沒：沿岸水深 之沙泥底質海域、鹹淡水交匯處或河口											
食糧：底棲無脊椎動物或魚類											
水深層：20~200米											
當造期：春秋二季											
1	2	3	4	5	6	7	8	9	10	11	12

牛鯭主要棲息在沿岸水深 之沙泥底質海域，偶可於鹹淡水交匯處或河口發現；經常將身體埋藏於沙泥中僅露出頭部，來欺瞞敵人或埋伏獵物，以捕食為生。

頭非常縱扁，平滑但具小鈍棘；頭部扁平，兩邊鰓蓋處皆有刺

體延長及縱扁，被小櫛鱗

背鰭、胸鰭及腹鰭上佈滿褐色小點

尾鰭具 4~5 條褐色水平條紋

食味　肉質細嫩，營養豐富，味道鮮美，肌肉間沒刺。

 烹調　油炸、燉、燒烤皆可

 狀況

 價錢

魚骨其實是寶物？

人們吃完魚，骨頭便棄掉了，但原來魚骨竟然含有豐富營養，對人體有益無害，日本人便會把魚骨吃得乾乾淨淨。據研究，魚骨裏含有豐富的鈣質和微量元素，經常吃可以防止骨質疏鬆，對於處於生長期的青少年和骨骼開始衰老的中老年人來講，都非常有益處。而且，經過適當軟化處理的魚骨，營養成分都成為水溶性物質，很容易被人體吸收，不會造成消化不良。當然，太硬的魚骨，我們還是不要吃為妙。

因魚尾像牛尾巴而命名，由於肉質細嫩，又沒有暗刺，煮湯後不會讓湯汁變得濃稠，因此這種高級魚種多半被使用來燉湯給孕婦或開刀者食用。另外在煲牛鰍之前，我們通常會先行煎乾魚的兩面，令魚湯能夠更香濃，魚肉和魚骨亦不會分解拆散。

石鰍

粵名 Inegocia japonica

英文：Japanese Flathead
粵音：Shek Chau

香港：日本牛鰍、石鰍
中國：日本瞳鯒、大鱗鱗鯒
台灣：日本牛尾魚、日本眼眶牛尾魚、牛尾、
　　　竹甲、大鱗牛尾魚

分佈：斯里蘭卡、泰國、越南、中國、台灣、香港、日本、韓國、馬來西亞、新加坡、印尼、菲律賓、澳洲等海域，日本南部、南中國海、菲律賓、印尼、澳洲西北部

生長條件 / 習性
棲息/出沒：沿岸沙泥底、沿岸水深的沙泥底
食糧：小魚、小蝦、甲殼類
水深層：7~85米
當造期：春秋二季

1	2	3	4	5	6	7	8	9	10	11	12

石鰍是日行性魚種，棲息於沿岸水深的沙泥底，偶會游至沿岸水深的沙泥底覓食，喜愛將身體埋藏於沙泥中僅露出雙眼，以伏擊經過的獵物，主要以底棲的無脊椎動物為捕獵對象；具先雄後雌的性轉變現象。

體縱扁及延長，被櫛鱗；頭具強棘；眼下稜有鋸齒邊、於瞳孔下有一深缺刻；口大；兩頜，鋤骨及顎骨具絨毛狀齒，鋤骨齒分開呈兩平行帶。體背黃褐色具4~5不明顯垂直帶，體側淺紅色，腹部白色；各鰭淺黃色具紅點。

頭具強棘；眼下稜有鋸齒邊；口大

兩頜，鋤骨及顎骨具絨毛狀齒；鋤骨齒分開呈兩平行帶

體扁而長，被櫛鱗，體側淺紅色，腹部白色

 食味　肉質細嫩，營養豐富，味道鮮美，肌肉間沒刺。

 烹調　煮湯

 狀況

 價錢

石鰍的背面

石鰍的腹部

淡水鯊魚

學名：Nebrius ferrugineus

英文：Shark
粵音：Daam Shui Sha Jyu

香港：翅沙、褐色護士鯊
中國：長尾光鱗鯊
台灣：長尾光鱗鯊、褐光鱗鯊、護士鯊

分佈	分布於印度至太平洋區，包括紅海、東非洲、土木土群島，日本、澳洲、中國等

生長條件 / 習性
棲息/出沒：大陸棚與島嶼棚的沿、潟湖的底層、礁石外圍之砂泥地或沙灘之外圍水域
食糧：無脊椎動物及魚類
水深層：0~70米
當造期：一年四季皆有出產

1	2	3	4	5	6	7	8	9	10	11	12

魚類‧鬚鯊科

Ginglymostomatidae

淡水鯊魚是肉食性底棲類海魚，夜行性，白天也行動，經常為覓食而洄游，是海洋最危險的魚類。交配過種中會撕咬變色，受精後鯊魚會以不同形式出生：有的卵生、有的胎生、也有卵胎生。鯊魚懷胎過程久，一般需8~9個月，長者可達24個月。小鯊生長也緩慢，要5~10月才算成熟。

第一背鰭最大，上下角鈍尖，後緣平直；第二背鰭較小，位於臀鰭上方，上下角鈍尖，後緣微凹

身體修長，鏽褐色；腹面淡黃色；尾鰭較長，上葉不發達，僅見於尾端，下葉前部略突出，中部低平；腹面淡黃色；尾鰭較長，上葉不發達，僅見於尾端，下葉前部略突出，中部低平

頭平扁而寬大，吻短；眼甚小，側位，無瞬膜；鼻孔近口部；鼻孔緣具短而尖凸之鬚；口裂中大

食味　肉質粗糙，吃起來有口感。

烹調　可以煙燻、蒸燉、煲湯

狀況　

價錢　

鯊魚為何要在水裏不停游泳？

鯊魚由軟骨構成骨骼，由於牠的身體兩側、頭的後方各具5~7個鰓裂卻缺乏鰓蓋，必須不停游泳才能讓水通過鰓裂而呼吸，否則要窒息而死。有些鯊魚在眼睛後方長有呼吸孔（鰓孔），水便由鰓孔流入，再經鰓裂排出。當鬚鮫吸入海水後閉嘴，於是經由嘴部肌肉和食道壁收縮，讓水流向腮裂，或是魚嘴張開時則鰓裂便閉上，所以嘴和鰓裂便有互動關係了。

粵名 *Paralichthys olivaceus*

左口魚

英文： Olive Flounder
粵音： Zo Hau Jyu

香港：大地魚
中國：木葉鰈
台灣：牙鮃、地鮋魚、鰈、比目魚、版魚、木葉鰈

分佈 東南亞各國至澳洲北部，日本、韓國、中國黃海、渤海、東海及南海、臺灣

生長條件 / 習性											
棲息/出沒：大陸棚泥沙底質海域											
食糧：甲殼類											
水深層：80~100米之間											
當造期：一年四季皆有收穫											
1	2	3	4	5	6	7	8	9	10	11	12

左口魚為肉食性，底棲，可熱帶和寒帶水域生活，沿大陸棚深度的海水活動，但有些則進入或永久生活於淡水。左口魚不好動，常常埋在泥沙中，身上顏色能隨環境的顏色而改變體色。

兩眼均在左側，中間具骨脊或略寬，上眼比下眼稍前，上眼前方微凸

身體呈卵圓形，灰褐色，上有許多環紋及小暗點

頭中型，吻短，三角形，口大

魚體左邊生小櫛鱗，右邊生圓鱗，兩邊具側線；背鰭在上眼前緣上方；胸鰭中部分枝；尾鰭楔形

食味 肉質薄而細嫩、入口鮮甜。

烹調 香港多用清蒸，日本多作刺身，西式料理則以法式黃油炸魚、奶油燒烤、煎炒，或是紅酒燜煮等。由於魚的肉質柔嫩，因此可包捲其他食材，或是切片作成冷盤。剩下的碎肉煮湯最好不過。

狀況

價錢

學名 Aseraggodes kobensis

香港左口魚（地堡魚）

英文：Halibut (Flounder)
粵音：Hong Kong Zo Hau Jyu

香港：褐斑櫛鱗鰨、龍脷魚
中國：可勃櫛鱗鰨沙、比目魚、鰈魚、獺目
　　　魚、塔麻魚
台灣：龍舌、鰨沙、比目魚

分佈 日本、香港、中國

生長條件 / 習性											
棲息/出沒：大陸棚泥沙底質海域											
食糧：甲殼類											
水深層：80~100米之間											
當造期：一年四季皆有收穫											
1	2	3	4	5	6	7	8	9	10	11	12

左口魚為卵胎生。剛孵化出來左口魚和普通魚類無異，眼睛都長在兩側。大約過了20多天，幼魚長到1厘米，其中一隻眼睛逐漸移到另一邊。這時左口魚也不再是漂浮，而是常常躲卧在沙泥中了。

牠是為肉食性，底棲，可熱帶和寒帶水域生活，沿大陸棚深度的海水活動，但有些則進入或永久生活於淡水。左口魚不好動，常常埋在泥沙中，身上顏色能隨環境的顏色而改變體色。

身體呈長卵形，平扁，被櫛鱗；眼側體褐色，頭及身體散在灰黑色點

兩眼皆在右側；前鼻管單一短小，頭短、口小

背鰭、臀鰭鰭條不分枝，或僅末端分枝；尾鰭與背、臀鰭分離，色淡

食味 肉質薄而細嫩、入口鮮甜。

烹調 清蒸、煎烤皆可

狀況

價錢

漁夫教路

清洗乾淨後，可加鹽和米酒，然後放入冰箱，可保存1~2天。

魔鬼魚（浦魚）

英文：Whip Stingray
粵音：Mo Gwai Jyu

香港：赤鯆、魔牛魚
中國：赤魟
台灣：赤土魟、紅魴、牛尾魴

分佈　西太平洋：包括泰國、中國、台灣、日本南部、琉球、菲律賓、澳洲北部及斐濟等海域

生長條件 / 習性											
棲息/出沒：珊瑚礁、洞穴、岩縫、深海											
食糧：浮游生物、魚類、甲殼類、動物遺骸											
水深層：5~100米											
當造期：一年四季比有出產，春夏當季											
1	2	3	4	5	6	7	8	9	10	11	12

魔鬼魚為卵胎生海魚，底棲性，外表與性格極不相稱，雖身軀寵大卻溫順膽小，愛單獨生活，常出現在沿岸的沙泥底、珊瑚礁或河口區，黃昏至夜間捕食。到了春夏二季，則游至河口或淺水區繁殖，受精卵會停留在雌性體內直到孵化。

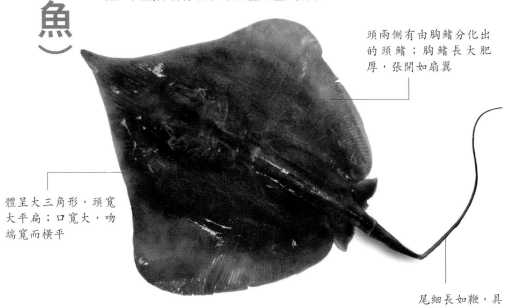

頭兩側有由胸鰭分化出的頭鰭；胸鰭長大肥厚，張開如扇翼

體呈大三角形，頭寬大平扁；口寬大，吻端寬而橫平

尾細長如鞭，具一小型背鰭；尾倒刺有毒

 食味　肉質鮮甜，滑溜，做得好，連細骨也可以吃。

 烹調　可用豉汁蒸，也燒炙、酥炸

 狀況　

 價錢　

備註
魔鬼魚尾棘有毒，應避免與身體接觸。

獅子魚（黃皮）

學名：*Collichthys lucidus*

英文：Big Head Croaker

粵音：Si Tze Jyu

香港：黃皮，獅子魚

中國：棘頭梅童魚、棘頭梅童魚、大頭寶、爛頭魚、朱梅魚

台灣：棘頭梅童魚

分佈 日本，中國、菲律賓、台灣、韓國及日本等

生長條件 / 習性											
棲息/出沒：河口，棲息於沙泥底質中下層水域											
食糧：小型甲殼類動物											
水深層：水深3至90米											
當造期：											
1	2	3	4	5	6	7	8	9	10	11	12

魚類・石首魚科

Sciaenidae

獅子魚是近海性魚類，為短距離迴游的淺海魚，在大潮水時產卵期，好群體活動，由於肉質鮮美又廉價，很受漁民歡迎，惜大量捕食，梅童魚數量大量下跌，故漁民開始進行人工養殖以保持數量。

下領口緣粉紅色；鰓腔為白色有黑點

體厚，背鰭基部長而臀鰭基部短；為銀灰或金黃色；全身被鱗，鱗易脫落

口裂大，端位，傾斜，吻不突出，口閉時下頜稍突出；頭及軀體皆被圓鱗

尾鰭尖形

食味 細緻鮮美。

烹調 清蒸、生魚片、紅燒、清湯

狀況

價錢

漁夫教路

　　獅子魚為下價魚類，但營養卻很豐富，含豐富磷質和鈣質，可補腦、補骨、健脾，適合老人、青少年以及骨質疏鬆患者食用。不過和其牠海產一樣，濕熱體質者不宜食用。新鮮的獅子魚肉質堅實飽滿，顏色鮮亮，在陰暗處也能閃閃發光。

粵音 *Seriolina nigrofasciata (Seriola rivoliana)*

油甘魚

英文：Japanese Amberjack (Almaco Jack)

粵音：Yau Kam Jyu

香港：油䰣、油甘魚
中國：長鰭鰤
台灣：黑紋小條鰤、青甘魚、平安魚、黃尾鰺、油甘

分佈	日本、朝鮮半島東部至夏威夷群島

生長條件 / 習性											
棲息/出沒：外礁斜坡或外灘，深海水域											
食糧：小魚為食，但亦會捕食甲殼類											
水深層：160米或以上											
當造期：一年四季皆有出產											
1	2	3	4	5	6	7	8	9	10	11	12

油甘魚是外洋性底棲海魚，分布在熱帶和亞熱帶海域，也可在溫水帶生活，幼魚愛隨浮游物游動，長大後生活在160米或以上深海，也愛在35米左右的淺海活動覓食。

頭稍扁，圓吻，脂眼瞼不發達；口大，牙尖細，內彎

背鰭兩個，第二個背鰭和臀鰭一樣，色稍暗

體背側為暗青色，腹部為銀白色

稍扁，呈長橢圓形

 食味 肉質結實、爽口，魚味鮮甜。

 烹調 宜作魚生、煮

 狀況

 價錢

油甘魚與銀鱈魚不是一樣？

由於油甘魚肉看起來和銀鱈魚很像，卻便宜十多倍，因此有時會被當成銀鱈魚出售。其實要辨識二者並不難，首先，油甘魚魚鱗大小不一，而且硬，銀鱈魚魚鱗則均勻美觀；其二，油甘魚有硬脊刺，銀鱈魚則沒有。

粵名：Anchovia indica, Anchoviella indica

白葱（反肚泡）

英文：Anchovy,
Salt-water Forage Fish

粵音：Pok Chung

香港：反肚泡、白葱

中國：印度帶小公魚

台灣：印度小公魚，印度銀帶鯷、印度小公
魚、鮪仔、白骨鯷、丁香鯷、苦鯷、
惡鯷

生長條件 / 習性											
棲息/出沒：珊瑚礁、洞穴、岩縫、深海											
食糧：浮游生物											
水深層：0~20米											
當造期：全年均有出產											
1	2	3	4	5	6	7	8	9	10	11	12

分佈：日本、中國東海、黃海、南中國海、東南亞各國至澳洲北部、中國、台灣、香港、日本、韓國等亞熱帶或溫帶海域

白葱屬中上層小魚類，群游性，常出現於沿岸水域或河口。

長卵形，可長可達15厘米，體灰白，體側中部有銀白色縱帶

臀鰭起點在背鰭下方；背鰭前方無小棘

上頜後端前鰓蓋骨前緣；頭部及背麵灰黑，後方有青色斑

食味　蒸煮品味道清新，煎炸者香脆可口。

烹調　清蒸、清湯、煎炸皆可

狀況

價錢

通識百寶箱

賣不完的魚怎麼辦？

　　大量的魚穫一下子賣不完怎麼辦？除了曬乾做成乾貨，也可以做成魚罐頭。魚罐頭裏除了魚，還有不少的醬料、調味、瓜菜粒和香料，以確保魚不會變壞。很多人以為會加大量化學物如防腐劑，其實並不需要，因為在製作時魚類已經經過高溫處理，空間又密封，一般不會滋生細菌。不過，如果魚類本身受了污染，化學物會隨釋出，則會危害健康。而製成的過程也會破壞魚的營養成份，所以，多吃還是無益的。

粵音：Stolephorus buccaneeri

公魚（松魿）

英文：Anchovy
粵音：Kung Yue (Chung Mung)

香港：銀灰半稜鯷、公魚、松魿
中國：銀灰半稜鯷
台灣：刺公鯷、魩仔、白鱙

分佈：紅海南部、南非、巴基斯坦、印尼、斯里蘭卡、日本南部至中國、菲律賓、泰國、印尼南部至澳洲、日本東至夏威夷、斐濟、大溪地

生長條件 / 習性
棲息/出沒：潟湖、近海沿岸、大洋、礁沙混合區
食糧：浮游生物
水深層：0~30米
當造期：全年均有出產

1	2	3	4	5	6	7	8	9	10	11	12

公魚屬中上層洄游魚種，群游性，一般在離岸較遠的海域，產卵時會進沿岸海灣或潟湖區，對生存環境要求高，喜歡清澈的水質。一般群游於近岸至離岸數百浬處，有時也會進入大型、較深且水質清澈的內灣或潟湖區。

魚體細長，體被圓鱗；體銀白色，體側具一暗銀灰色水平帶

頭中大，吻端尖，眼大

背鰭、尾鰭呈淡青色

腹鰭前具 3~6 稜棘

食味 蒸煮品味道清新，煎炸者香脆可口。

烹調 清蒸、清湯、煎炸皆可

狀況

價錢

通識百寶箱

小魚邊游邊張口，原來在覓食？

一般小魚都會獵食浮游生物。這些浮游生物很多是幼蟲，如各種水蚤、蟲卵、甲殼類等等。小魚會一邊游一邊張嘴，過濾海水中的浮游物。和其它小型魚一樣，公魚肌肉脆弱，很容易腐爛，不易保存，故多會被製成乾貨出售。

學名：Spratelloides atrofasciatus

公魚（筍仔魚）

英文： Anchovy

粵音： Kung Yue (Ceon Zai Jyu)

香港：公魚、筍仔魚

中國：日本銀帶鯡，丁香魚、魛仔

台灣：日本銀帶鯡

分佈	紅海、東至西太平洋（日本南部至菲律賓、澳洲東南及西部、東至薩摩亞群島）

生長條件 / 習性

棲息/出沒：珊瑚礁、洞穴、岩縫、深海
食糧：浮游生物、小魚
水深層：水深10~50米

當造期：

1	2	3	4	5	6	7	8	9	10	11	12

　　一般在岩石海岸沿岸的水域生活，好群體活動，常出現在水色稍混濁的海面上，幼魚以浮游生物為食，長大後會吃小魚、小甲殼等。

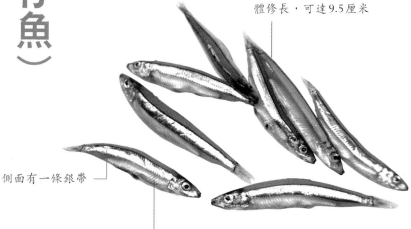

體修長，可達9.5厘米

側面有一條銀帶

腹部在腹鰭前後無稜鱗；體被圓鱗

 味淡，清甜，煎炸香脆。
食味

 可鮮食、乾製或醃漬
烹調

狀況

價錢

通識百寶箱

小魚含高量鈣質？

　　公魚雖然是小魚，卻含大量鈣質，最合適老人小孩食用；而豐富的烯酸（DHA）和廿碳五烯酸（EPA），能有效預防和治療心血管疾病，另外丁香魚中的 VA、VE，也能助人體對防癌、抗癌、延緩衰老。

丁香魚需用急凍方法才不變色變味，早上用來煮粥食，最為滋補。

粵名 *Priacanthus macracanthus Cuvier (Priacanthus tayenus)*

木棉魚（大眼雞）

英文：Big Eye
(Purple-spotted Bigeye)

粵音：Tai Ngaan Gai

香港：短尾大眼鯛、齊尾木綿、大眼雞、長尾大眼鯛

中國：長尾大眼鯛、大眼鯛、紅目鰱、嚴公仔

台灣：曳絲大眼鯛、紅目鰱

分佈	日本南部、印尼西部，南至澳洲。阿拉伯、巴基斯坦、孟加拉、科威特、印度、斯里蘭卡、泰國、柬埔寨、越南、中國、台灣、香港、馬來西亞、新加坡、印尼

生長條件 / 習性

棲息/出沒：珊瑚礁、洞穴、岩縫、深海
食糧：小型魚類、甲殼類和頭足類等底棲動物
水深層：20~200米深水
當造期：全年均有出產

1	2	3	4	5	6	7	8	9	10	11	12

木棉魚屬夜行性底棲魚類，日間躲藏在珊瑚礁或岩礁的縫隙洞穴中，晚上連群結隊四出巡遊捕食，身上現出銀條紋。木棉魚為暖水性魚類，廣佈西太平洋、熱帶及亞熱帶海域，中國則主要產於南海和東海南部。大眼鯛游泳緩慢，會作短距離洄游。一般體長120~160毫米，大者可達250毫米，體重120~200克。因皮粗肉厚，口感粗糙，故宜作乾貨，也有新鮮出售的。

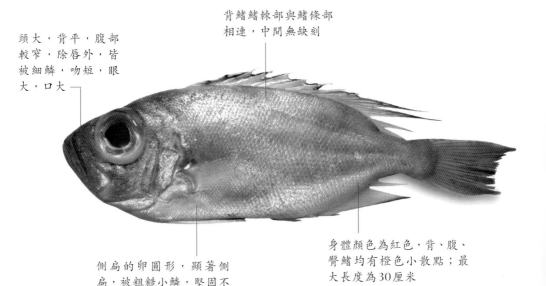

頭大，背平，腹部較窄，除唇外，皆被細鱗，吻短，眼大，口大

背鰭鰭棘部與鰭條部相連，中間無缺刻

側扁的卵圓形，顯著側扁，被粗糙小鱗，堅固不易脫落

身體顏色為紅色，背、腹、臀鰭均有橙色小散點；最大長度為30厘米

食味　齊尾的是雌性，肉滑而香；雄性則是長尾，肉質較粗糙，味道稍遜。

烹調　皮厚，肉質鮮味。適宜熬魚湯或以浸法烹調，去皮食用。

狀況　

價錢　

通議百寶箱

吃大魚容易中毒？

　　水產味美，亦含豐富營養，只是由於環境污染，屢屢驗出海鮮含有化學物質，其中一種便是二噁英。二噁英無色無味，屬脂溶性，故容易在人體聚積，久而久之，便會引起肝臟腫大、免疫功能降低、導致不孕、影響胎兒發展，甚至引發癌症。建議大家還是挑選小魚，因為魚越大，雜食性越高，吸入的毒素也越多。

漁夫教路

　　為了讓鮮魚看起來更鮮亮活潑，有不良商販竟然用禁用染料將魚染色。雖然少量的色素不會產生不良影響，但是吃多了還是會危害健康。所以大家買魚時，要挑選顏色自然的，而烹煮前也要徹底沖洗乾淨才可。
在市場上看到的木棉魚主要有齊尾（短尾）和長尾兩種，前者的尾鰭沒有長鰭，末端呈截形，肉質較甜滑嫩；後者的尾鰭成新月形，上下葉鰭條向後延長成，上葉長下葉。魚身呈銀白色的，鮮活者身上有紅色斑紋色澤，屬深水木棉（*Priacanthus hamrur*）（Moontail Bullseye），台灣稱為寶石大眼鯛，中國名字是金目大眼鯛。齊尾木棉（*Priacanthusmacracanthus*）（Red Bigeye），台灣稱大眼鯛，中國名字就是短尾大眼鯛，牠的背鰭和腎鰭有色斑點。

鱟

粵名 *Rhina ancylostoma*

魚類 · 圓犁頭鱝科

Rhinidae

英文： Horseshoe Crab, Bowmouth, Guitarfishes

粵音： How

香港：鱟
中國：鱟魚
台灣：鱟魚、鴛鴦魚、夫妻魚、馬蹄蟹

分佈 太平洋、西印度洋君島和東南亞海域

生長條件 / 習性											
棲息 / 出沒：喜生活在多藻類的沙質海底，水暖時會游到淺的沙泥地。											
食糧：甲殼類、海中動物的屍體											
水深層：300米深水											
當造期：全年均有出產											
1	2	3	4	5	6	7	8	9	10	11	12

鱟 是暖水性海魚，雄鱟一生要經過十九次脫皮，雌鱟則要十八次，幼鱟無尾劍。每到夏、秋時節，雌鱟便馱着雄鱟游上沙洲，把卵產在5米深的沙坑中。約四十天後，稚鱟破殼而出，便在泥灘地過底棲生活，以小生物為食，隨着日子漸漸長大，鱟便逐漸向海裏遷徙，最後回到深海生活，直至繁殖才又上岸。稚鱟生長很慢，七年才慢慢成年。

體延長而平扁

吻寬短而呈圓形，眼橢圓形，瞬膜不發達；噴水孔中至大型；前鼻瓣圓形突出；齒細小而多，呈鋪石狀排列

尾鰭上下葉發達

兩個背鰭

食味　肉質鮮美。

烹調　可用來煲湯

狀況

價錢

通識百寶箱

鱟的血液能測水污染？

鱟的血液中含有銅離子，故此是藍色的，便是「鱟試劑」。鱟試劑可以又準又快地檢測人體內部是否受到細菌感染，而在成藥和食品工序中，也可用它對監測污染。

鮟鱇魚

學名：Lophiiformes

英文：Anglerfish, Monkfish
粵音：Tai Hau Jyu

香港：大口魚、鮟鱇魚
中國：琵琶魚、結巴魚
台灣：安康魚

分佈 日本、中國

生長條件 / 習性
棲息/出沒：珊瑚礁、洞穴、岩縫、深海。
食糧：魚類
水深層：3米至300米深水
當造期：

1	2	3	4	5	6	7	8	9	10	11	12

此魚是中型底棲魚類，多數在深海生活，不善游泳，多靠臂鰭爬行。雌性魚比雄性大數十至數百倍，並以氣味吸引雄性魚。成年雄性魚已沒消化工能，為了存活，必須咬住雌性魚的下方，漸漸的兩條魚血管、組織會相通，雌性魚身上的營養便透過血管、器官輸送到雄性魚體內，而雄性魚最後退化成臂鰭，身斗只有精巢。由於體形相差太大，故一尾雌魚可同時寄存幾尾雄魚。

頭大，寬闊而平扁，有一些骨刺或骨脊；口大，下頜前突，有大小不等的可倒伏尖齒

背鰭硬如釣桿，頂端的觸角閃閃發光；臀鰭於背鰭軟條部下方；腹鰭於頭之腹面

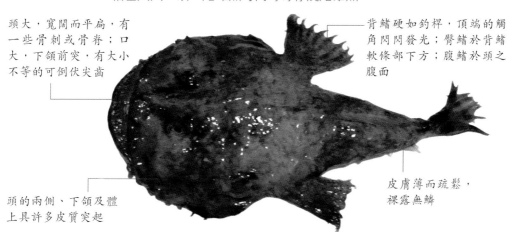

頭的兩側、下頜及體上具許多皮質突起

皮膚薄而疏鬆，裸露無鱗

食味

鮟鱇魚肉質緊密如同龍蝦般，結實不鬆散，纖維彈性十足，鮮美更勝一般魚肉，膠原蛋白十分豐富，因此亦被譽為「窮人的龍蝦」。

烹調

日本人喜愛吃鮟鱇鍋，尤其是在冬天。除了火鍋，日本人還會以鮟鱇魚肝做壽司，而鮟鱇魚肝更有海底鵝肝之稱，據稱有清熱解毒的美膚功能，一般食法為蒸或者是刺身。

狀況

價錢

備註

特別之處是有一隻由前背鰭演化而成的發光釣竿，釣竿頂端內上百萬隻的發光菌，狀似小魚，會發出亮光，吸引小生物作食物，由於鮟鱇魚多處於深海。

儲名 *Harpadon nehereus*

狗肚魚

英文：Bombay-duck

粵音：Gau Tao Jyu

香港：九肚魚、九肚、狗母魚

中國：龍頭魚、狗母魚、蝦潺、豆腐魚、狗
吐魚、狗奶、水龍魚

台灣：龍頭魚、軟骨魚、狗母魚、水龍魚、豆
腐魚、水狗母魚、印度鐮齒魚、粉粘、
那哥

分佈　中國黃海南部、東海、南海的河口；朝鮮、日本、緬甸、巴基斯坦、孟加拉、巴基斯坦、印度、緬甸、泰國、柬埔寨、越南等

生長條件 / 習性
棲息/出沒：屬中下層暖水性海魚，運動能力低，常在淺海泥沙中棲息。
食糧：魚類
水深層：50~500米
當造期：

1	2	3	4	5	6	7	8	9	10	11	12

狗肚魚屬中底層的洄游魚，好群體生活，經常游至河口區覓食，以小魚、小蝦和小型甲殼類為食。

體柔軟，延長而側扁，呈圓柱形；軀干部較粗，尾部漸細

前部光滑無鱗，後部披細小圓鱗，鱗薄，易脫落；側線稍直，呈管狀，向後廷伸達尾鰭中叉的前端

頭中等大，吻甚短，前端鈍圓形；眼細小，口裂頗大，牙細而尖銳

身體乳白色，瞳孔金黃色，頭背部和兩側呈半透明狀，具淡灰色小黑點；腹前部淡銀白色；各鰭灰黑色。有時腹、臀鰭白色；一般長度為25厘米，最大長度為40厘米

食味

豐腴、肉質綿軟細緻，骨酥可食。

烹調

狗肚魚的肉質腥味極重，而且頗為濕熱，要在烹調時加數片薑，然後將蒜茸加進在內，能將其腥味去除，且能祛濕熱。香港各食肆多使用油炸方式製成椒鹽狗肚魚。

狀況

價錢

魚類・狗母魚科 Synodontidae

備註

體乳白色、瞳孔金黃色、魚鰓鮮紅、頭背部和兩側呈半透明狀、按壓魚身有彈性、魚皮有光澤。

通識百寶袋

天然鉀醛不恐怖？

　　早前有狗肚魚含甲醛的傳聞，引致人心惶惶，所幸是虛驚一場。

甲醛主要用於工業上的消毒及塑膠製造，但卻自然存在於各種食物中，包括蔬果肉類等，只是因為甲醛是水溶性，並可透烹煮消除，故而只有少量通過進食進入人體。吃下少量甲醛雖不會引起中毒，但還是要小心，畢竟甲醛過多，會引起腹痛、嘔吐、昏迷、甚至死亡。

漁夫教路

　　客人應只購買冷藏、色澤光鮮、不帶化學氣味或異味的九肚魚。回家後，也應立即把狗肚魚放進冰箱，烹煮前要自來水沖洗乾淨，要確定徹底煮熟才可食用。

白飯魚

粵音 *Salangidae (Hemisalanx prognathus Regan)*

英文：Whitebait (Silver Fish)
粵音：Pak Faan Jyu

香港：白飯魚、文昌魚
中國：冰魚、玻璃魚
台灣：水晶魚、銀魚、麵條魚

分佈 韓國、日本、中國、俄羅斯、庫頁島

生長條件 / 習性
棲息/出沒：海岸、河口
食糧：幼魚以浮游生物為食，長大後也會吃小魚、小型甲殼類
水深層：中、上層
當造期：

1	2	3	4	5	6	7	8	9	10	11	12

白飯魚源自中國，為重要經濟型魚類，生活週期較短，定居能力強，好群居，一出水面即死，無骨無腸，肉質細緻鮮美。生活在海岸的河口處，會從海洋洄游至江河，每天春天和秋天繁殖，魚卵會黏在水草上孵化，一、兩個月後便成熟。活時呈半透明，死後即呈乳白色。

形似玉簪，色如象牙，
軟骨無鱗

銀魚吻短、眼大、無鱗，細長
側扁，身長寸許；體細長，腹
鰭前略呈圓筒狀，腹鰭

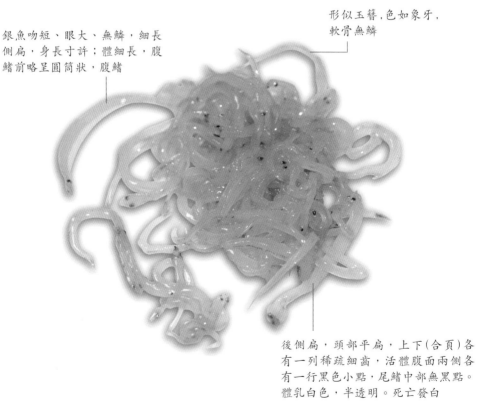

後側扁，頭部平扁，上下（合頁）各
有一列稀疏細齒，活體腹面兩側各
有一行黑色小點，尾鰭中部無黑點。
體乳白色，半透明。死亡發白

食味 肉質細嫩，味道鮮美，營養豐富。

烹調 一般煮法是麵粉油炸，或與蛋漿混合香煎。

狀況

價錢

備註

銀魚形如玉簪、潔白透明、肉質細嫩、肉味異常鮮。

魚類・鯷科

Engraulidae

通識百寶箱

添加鈣質吃白飯魚？

　　白飯魚含有較大量蛋白質、碘和磷，脂肪含量卻低，是珍貴海產品。由於白飯魚對生存的環境和水質要求很高，故人為的破壞使白飯魚的生存空間漸漸減少，再加之無論食用價值還是經濟價值都很高，白飯魚的數量自然比以前下降很多。

銀魚含鈣量高，還有硫胺素、核黃素及尼克酸、磷質等，對消化力弱，病後體虛者有益，可以焗飯吃。市面上有乾製品出售，買回後用暖水浸它10分鐘、瀝乾、加薑絲、豆豉蒸熟，再淋上滾油葱花，是一道美味小菜。

漁夫教路

　　白飯魚乾應以乾爽、色澤明亮為佳，若太白，可能是製作過程中加入了熒光劑或漂白劑，要小心。

至於冰鮮白飯魚是呈彎曲狀的，顏色乳白有透明感、無異味，若太光亮、呈直線狀或有異味，可能在加工時用了甲醛或受了污染。

蟹料理百事通

蟹從何處來

1 漁民在早晨或傍晚會把蟹籠放在水上。

2 漁民把捕捉回來的蟹送到碼頭。

3 漁民從船上的箱子取出捕撈回來的蟹。

4 漁民把蟹交予商販送到批發市場、海鮮檔或食肆。

海蟹與泥蟹的分辨

海蟹與泥蟹(簡稱肉蟹或膏蟹),可從蟹奄(蟹臍)判斷,鑑別準則來自其腹部顏色。

生長於海中的蟹,腹部潔白,全身很清潔,沒有污漬或泥漿。

生於沿海近岸水域的蟹,其甲殼也很清潔,只是沒有在深水中生活的蟹那般潔白。

從泥地走到海邊生活的蟹,腹臍出現泥黃色,行內人稱為生鏽蟹,肉質食味沒有大分別,只是比較污穢不堪,難於擦洗,特別是甲殼會藏有泥漬,不甚雅觀。

細看蟹奄分性別？

　　蟹大致可分為雄性、雌性和青年蟹（奄仔蟹）三大類，知道牠們的特質才能按蟹入饌。

肉蟹

蟹奄呈等腰三角形，尖尖長長，後容易認出。

膏蟹

蟹奄是上尖下圓，色澤呈泥褐色，成熟的蟹，具生殖能力，可以交配傳宗接待，隨着交配次數多了，其體毛色澤黃轉黑，也漸趨濃密，體型隨時間增長而變大，最後變作成熟的膏蟹。一般是12~16兩重，視乎足膏與否了。

處女蟹

蟹奄上尖下圓，潔白帶點黑間紋，邊緣沒有絨毛。要是其蟹奄開始有少許絨毛，這表示該蟹已作了第一次交配，臍部四周開始長有纖幼黃毛，稱為"開群蟹"。

每隻重4~5兩的膏蟹仔，屬第一次抱卵懷鰲的小母蟹，行內人稱為"四季仔"。有時路過買淡水魚檔也會見到很迷你的品種，多是來自菲律賓和泰國的泥蟹。

揀蟹和劏蟹

揀蟹過程

開始

1 抽起蟹感覺重量。

2 把蟹腹翻轉，看看蟹臍是否飽滿。

3 輕按蟹爪，立即張牙舞爪作出強烈反應。

4 在蟹臍旁略按甲殼，是否堅硬。

漁夫教路

高手揀蟹，先抽起感覺墮手，再觀其外貌和蟹臍，渾圓豐滿，便知一二。

剪刀劏蟹法過程

開始

1 活蟹一隻。

2 先把蟹浸淡水，再用冰水
　雪死，或是用筷子插肚。

3 把蟹臍剪掉。

4 用手撕開蟹蓋。

漁夫學路

從蟹腮可看出蟹的生長環境。

活於清澈大海的蟹腮清潔，沒有污物。

活於鹹淡水中的海蟹，蟹腮清潔但帶點污黑。

活於鹹淡水中而偏向泥地的蟹，牠的腮色比較污黑。

開始

5 按蟹件分步處理。

6 再用剪刀把蟹腮剪去。

7 把蟹嘴剪去。

8 也要把蟹斗上的嘴部剪掉。

9 再用剪刀把蟹身剪開。

蟹奄與蟹膏的關係？

　　奄仔蟹，屬年青蟹，雌雄皆有，一般是完全沒有或只是交配數次，蟹身和步足皆很纖細，就算不看腹臍，只要揭開蟹蓋，便能分辨出雌雄，膏脂少，但碰到蟹季，就算是蟹仔，都是肥美可口，因為牠們會把身體養肥而靜待脫殼變大。

雄性奄仔蟹

　　蟹膏的質感柔軟而略稀瀉，味道清甜，用炒的方法，膏因受熱而溶化，所以炒蟹多用雄蟹，因油香和薑蔥味道會混合融和，散發出獨特香味。

撕掉腹臍可清晰見到蟹膏呈淡黃或奶白色。

雌性奄仔蟹

　　雌性奄仔蟹，腹臍由潔白漸變為黑奄，不是陰陽蟹，只是趨於性成熟。

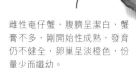

雌性奄仔蟹，腹臍呈潔白，蟹膏不多，剛開始性成熟，發育仍不健全，卵巢呈淡橙色，份量少而纖幼。

撕開蟹蓋後，發現牠的蟹斗夾雜蟹黃和蟹膏，非常有趣。

　　成熟的雌蟹，稱為膏蟹，尤以頂角者為優，只要揀墮手，再在臍部後端細瞄，看到有些微膏質凸出的現象，行內稱"爆尾"，在燈光下照射甲殼角落，呈現部份陰影，黑作一團，必是靚膏蟹了。

奄仔蟹變成熟膏蟹過程

開始

1 未經交配的處女奄仔蟹。

2 經過交配後，尾奄逐變變部份深色。

3 此蟹漸漸成熟，尾奄亦變成全深色。

4 成熟的膏蟹。

漁夫教路

1. 青蟹是鹹淡水蟹，分有奄仔、肉蟹和膏蟹，至於海蟹生活於鹹水，如白蟹、花蟹、三點蟹等只分雌雄而已。牠們的蟹膏因生長水域不同，無論顏色、數量也略有不同。

2. 蟹膏泛指雄蟹的性成熟象徵，牠的精囊、精液和器官結集而成濃稠物，一般為青白色帶半透明啫喱狀，有時因蟹膏初凝，故出現軟膏狀態，有點微流瀉，色澤淡黃兼看到白色輸精管。蟹黃是雌蟹的卵巢發育成熟，呈現橙黃色的卵黃，愈成熟愈是佈滿甲殼兩側，也會覆蓋在`中胃區、心區和腸區，甲殼顏色是青中帶黃，置光線下可看到卵黃的飽滿度，按飽滿度分為"花膏"和"頂角"。市面上的膏蟹有兩種：河蟹膏微甜略帶點泥味，海蟹膏味道鮮甜微鹹略腥，但真正海蟹卻只有鮮甜味道。

3. 農曆五月至八月，都是黃油蟹的當造日子，鑑於這種蟹從蟹體、蟹蓋和蟹爪皆被黃油包圍，故而名之。牠是膏蟹於炎夏日子將快產卵，棲息於淺水灘畔，潮退之際，經猛烈陽光曬熱淺水灘上的海水，墮體的膏質(卵細胞受到破壞，未能正常孵化，因而分解為紅黃色的油質，滲透於體內和部份，尤以蟹爪的關節最明顯，其油質业香嫩滑。

4. 農曆七至八月，盛產水蟹，雄水蟹稱"青公"，雌蟹稱"大冰"，所謂"冰"意即水份眾多。故名思意是水多肉少，價錢平。

從蟹朥判斷蟹質？

膏蟹交配後懷着受精卵子，看色澤就知道牠們的狀況。

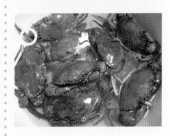

開始

1 白蟹正面，從表面看來沒有異樣。

2 翻轉腹部仍潔白，蟹奄呈飽滿狀。

3 撕開蟹奄，含有微量橙黃的受精卵，表示這蟹是交配次數不多，還是有是剛受精而懷朥，數目不多，反而看到受精卵子的晶瑩剔透，色澤鮮艷，十分奪目。

4 成熟膏蟹正懷有橙黃色的蟹朥，數目很多，表示懷朥少於2星期，色澤已變深橙和暗啞，蟹肉比較腍軟。

5 當蟹的朥從橙色轉為褐色或棕色，表示懷朥的日子已過了2星期以上，色澤暗啞，待3~5個月會孵化為幼蟹。

6 幼蟹苗。

食海鮮地區

大澳

位置：大嶼山西部，鄰近天壇大佛

交通：巴士——梅窩(路線：1，N1)，東涌(路線：11)，昂坪(路線：21)

　　　渡輪——屯門、東涌、沙螺灣

特色：大澳遠離市區，風景獨特，民居以杉木、紅木等搭成，高架於河兩邊，稱棚屋，富漁鄉風情，為大澳贏得「東方威尼斯」之美譽。前往大澳的游客，不但可以品嚐各種海鮮，還可以買海產乾貨、自製茶果、涼茶等，其中鹹魚、蝦膏蝦醬更是遠銷美加。近年來，大澳也增加了許多旅遊項目，如組織海豚觀賞團、將舊警署改成酒店、或者定期興辦民俗活動等。

流浮山

位置：香港元朗區西部，近白坭、後海灣

交通：巴士——元朗東(路線：K65)

　　　專線小巴——元朗(路線：33、34、34A、35)

特色：流浮山位於鹹淡水交界，臨近珠江口岸，故以蠔聞名，不少旅行團專門帶人品嚐。近年由於水質受污染，蠔的品質大不如前，但仍為食海鮮勝地。由於地處邊陲，流浮山一度受到偷渡客和海盜的滋擾。在廢置的警署上，仍保留着反偷渡的瞭望台。現政府有意活化警署，使其成為旅遊點，以吸引遊客。

長洲

位置：獨立離島，位於香港島南方約10公里

交通：新渡輪——中環

橫水渡線——坪洲、梅窩、芝麻灣

街渡——西灣美經援村、澄碧村

特色：為香港著名旅遊點，歷史悠久，居民除了捕漁和加工海產，也擅長造船。到了1970年代，政府漸漸發展旅遊業，島上渡假屋和民宿林立，遊客除了享受陽光海灘，也慕名前各古廟、張保仔洞參觀。然而後期自殺事件頻繁，便旅遊業務大受打擊，進而將居民保留下來的各位節慶活動，發展成具本土色彩的主題旅遊，其中每年一度的太平清醮更是萬人空巷。2005年開始，更重新恢復搶包山活動，使長洲更受矚目。

屯門三聖街

位置：新界屯門

交通：輕鐵——屯門（路線：505）

巴士——富泰（路線：K51），港鐵屯門站（路線：K53），葵芳鐵路站（路線：260C），天平邨（路線：261），九龍鐵路站（路線：261B），荔景、友愛（路線：61M）

小巴——兆麟苑（路線：43C），青衣站（路線：140M）

非專營巴士——銅鑼灣（路線：NR709），紅磡碼頭（路線：NR750）

特色：三聖邨本為漁民的聚居地，於1970年代，隨政府的新城鎮發展計劃，成為屋邨區。但當地仍為吃海鮮、買海鮮熱門地點，特色是價錢相對便宜，海鮮餐廳林立，客人可以即買即煮。

香港仔

位置：港島南區

交通：巴士——北角（路線：47、38、42），筲箕灣（路線：77），中環（路線：37A、37B、37X、70、71、91、7、91、94），金鐘（路線：90B），旺角（路線：970）

小巴——旺角，西環

特色：香港最南的港口，因海灣深，故聚居了大量艇戶，故漁業發達。然而因地理位置優越，故同時也發展其它業務：最早為重要轉口港，20世紀初設大型紙廠，到了60年代則發展造船業，為香港四大船塢之一。時移世易，現在工業已適微，香港仔成了住宅居，近年來開始致力發展旅遊業，避風塘上水上民居為一大特色，而水上酒家，除了如饗客必到的太白海鮮舫和珍寶海鮮舫外，其它海鮮食肆也值得一試。

西貢

位置：新界東部

交通：巴士——黃石碼頭（路線：94），恆安（路線：99），大學鐵路站（路線：99R），觀塘（創紀之城）（路線：292P），將軍澳站（路線：792M），小西灣（藍灣半島）（路線：698R），九龍城碼頭（路線：NR206），早禾居（路線：NR207），德福花園（路線：1），新蒲崗（路線：1A），新蒲崗（路線：1S），蠔涌（路線：2），菠蘿輋（路線：3），南山新村（路線：3A），漁民新村（路線：4），海景別墅（路線：4A），海下（路線：7），麥理浩夫人渡假村（路線：9），寶林（路線：12）

小巴——旺角、銅鑼灣、觀塘

特色：西貢為香港後花園，擁有美麗的海灘和山林，是市民郊遊、出海、潛水等的好去處。由於近海，未開發的地方多，氣氛寧靜舒適，市區建築也歐化，海岸上餐廳林立，具異國風情，遊客可以一邊享用新鮮海產，一面欣賞美麗風光。

三家村

位置：觀塘區東南部的鯉魚門村

交通：中港碼頭（路線：14X）

　　　港鐵——油塘站A2出口

　　　渡輪——西灣何、東龍洲、大廟灣

特色：三家村為早期客家人聚居地，以打石為生，並外銷廣州、順德等地，直至60年代尾，政府不再發牌，石礦才全面停業，為新生的海鮮業所取代，多家酒家開業，避風塘內開始停泊了多艘海鮮艇，三家村成了吃海鮮勝地，許多遊客都慕名而來，只是為了品嘗生猛海鮮。另一個特別之處是，三家村為九龍市區僅剩的寮屋區，仍完整地保留早期的建築特色。

參考資料

參考書籍

1. 香港海鮮大全，萬里機構出版有限公司
2. 香港的經濟甲殼類動物
3. 菜市場魚圖鑑
4. 香港海魚故事
5. 台灣海水養殖魚介類圖説

有用網站

1. 漁農自然護理署：http://www.afcd.gov.hk/
2. 漁業教育中心：http://www.hk-fish.net/fec/chin_trad/home.htm
3. 香港海水魚資料庫：http://www.hk-fish.net/chi/database/
4. 香港的淡水魚類：http://www.afcd.gov.hk/tc_chi/conservation/hkbiodiversity/speciesgroup/speciesgroup_freshwaterfish.html
5. 香港活海鮮—海魚篇：
   http://www.hk-fish.net/chi/fisheries_info/live_seafood/marine_fishes/index.htm
6. 香港活海鮮—貝介篇：
   http://www.hk-fish.net/chi/fisheries_info/live_seafood/marine_shellfishes/index.htm
7. 世界自然(香港)基金會 香港的海鮮選擇指引
8. 台灣魚類資料庫：http://fishdb.sinica.edu.tw/index.php
9. **Park and Shop Fishipedia**：http://www.parknshop.com/WebShop/Fishipedia.do
10. 世界魚類數據庫：www.fishbase.org
11. **Centre of Food Safety** 有關識別及標籤油魚／鱈魚的指引：
    http://www.cfs.gov.hk/tc_chi/food_leg/files/oil_fish_guideline_070723.pdf
12. 人工魚礁魚類：http://www.artificial-reef.net/Chinese2/c5_0.htm